U0303612
河

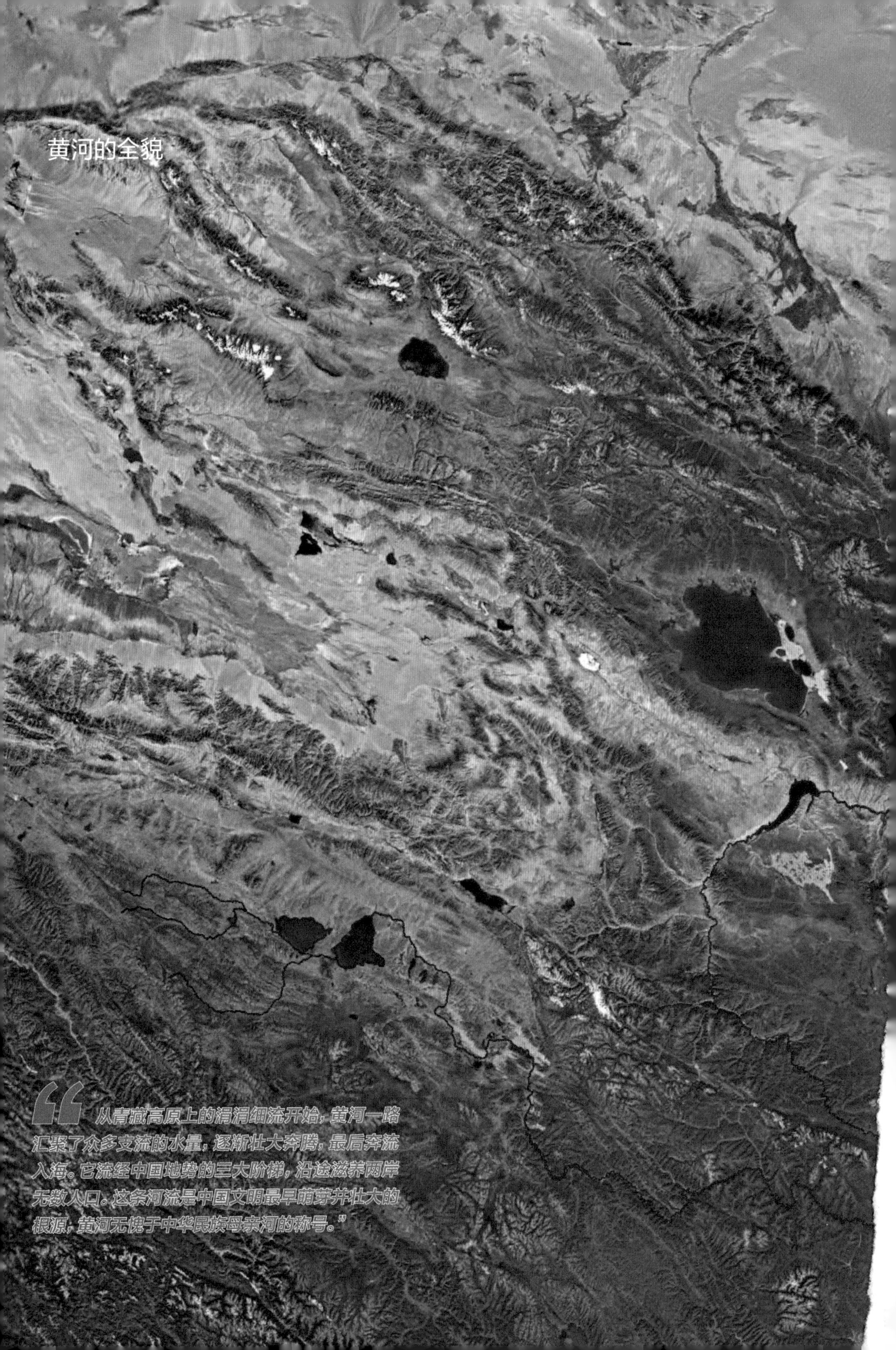

黄河的全貌

“从青藏高原上的涓涓细流开始，黄河一路汇聚了众多支流的水量，逐渐壮大奔腾，最后奔流入海。它流经中国地势的三大阶梯，沿途滋养两岸无数人口。这条河流是中国文明最早萌芽并壮大的根源，黄河无愧于中华民族母亲河的称号。”

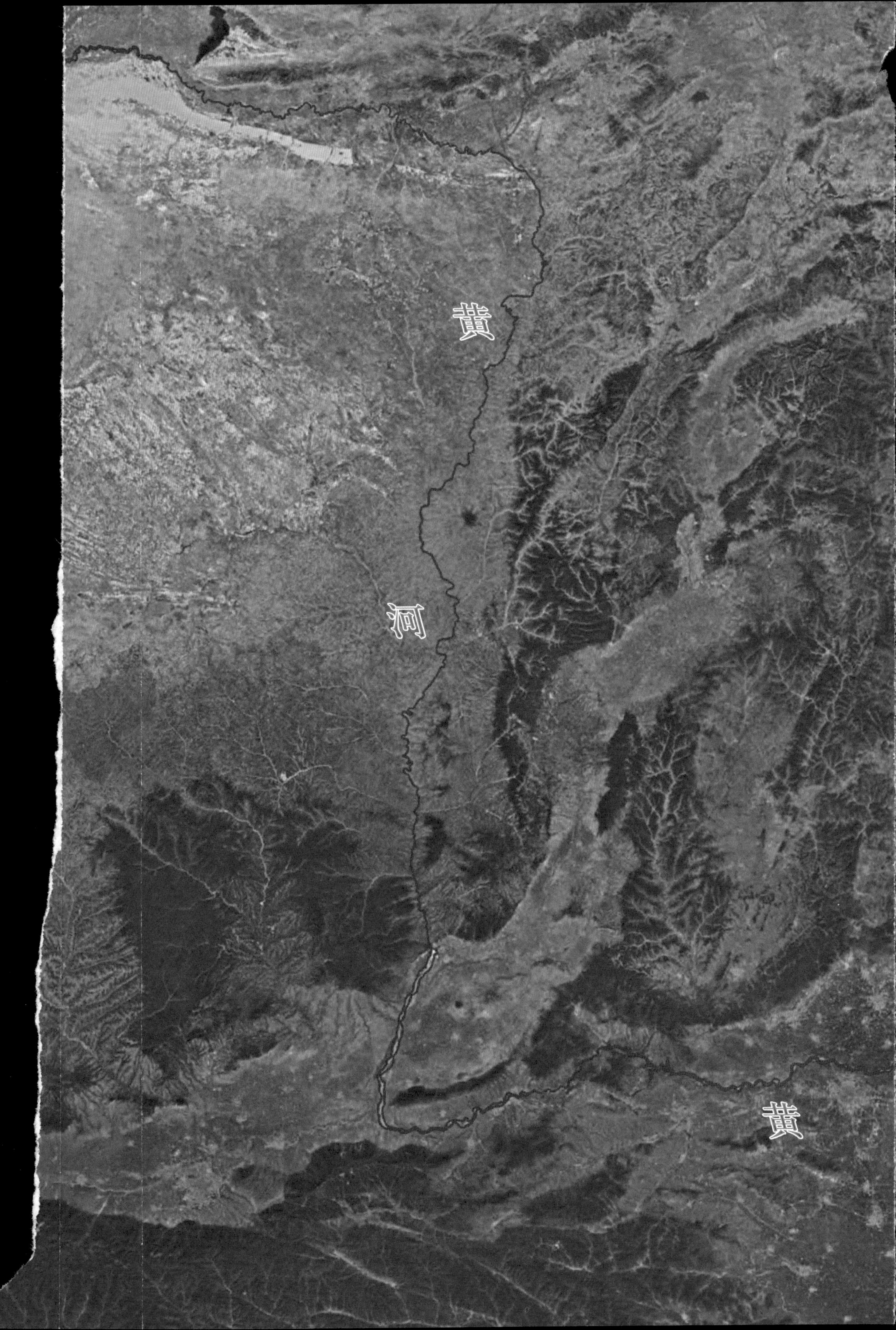
黄
河
黄

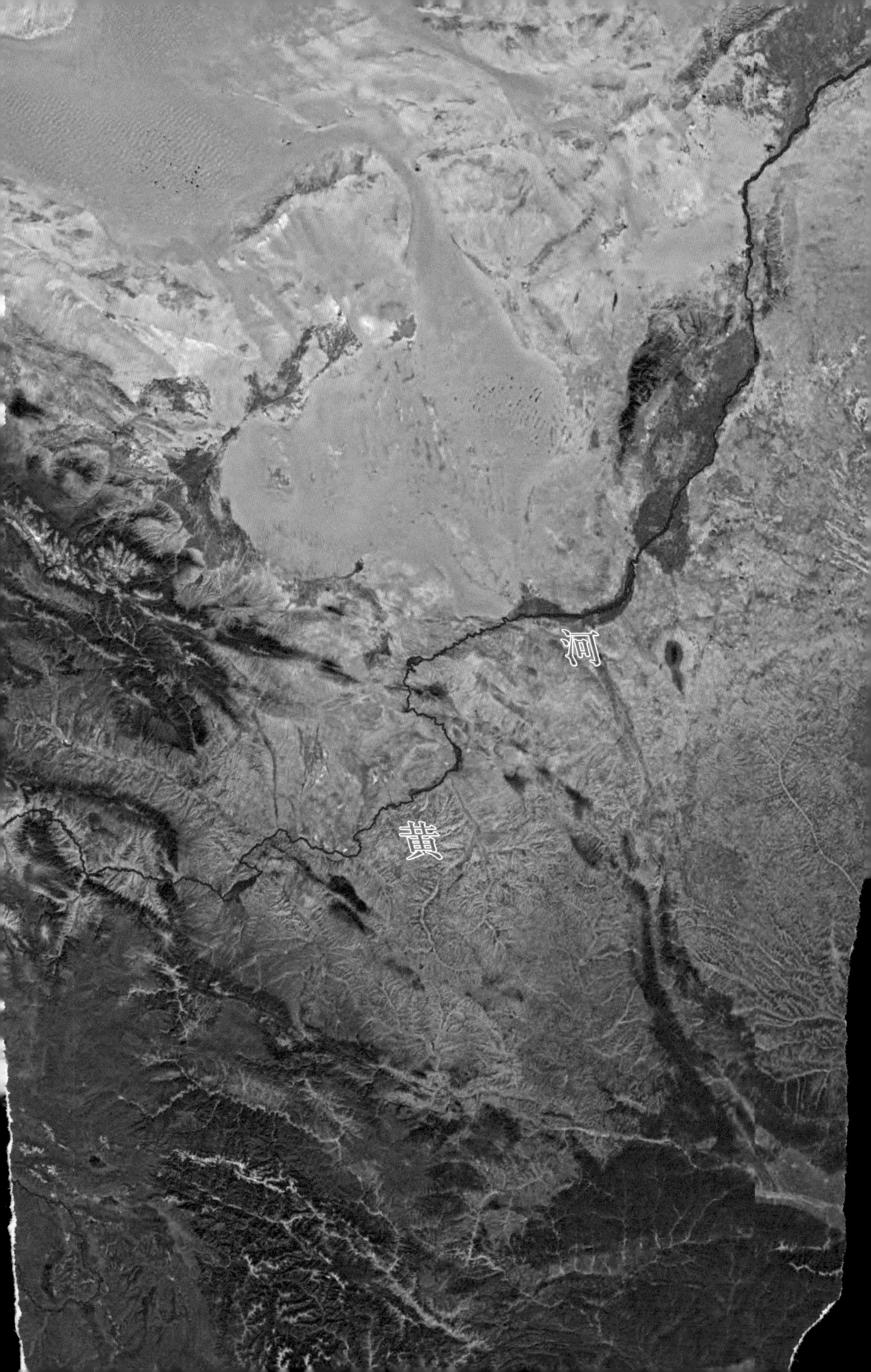

河
黄

编委会

本书地图审图号：GS（2019）4770号

心随星海颂自然

三江源国家公园黄河源区环境解说

雍怡　主编

商务印书馆
创于1897 The Commercial Press
2020年·北京

图书在版编目（CIP）数据

心随星海皈自然：三江源国家公园黄河源区环境解说 / 雍怡主编 . —北京：商务印书馆，2020
ISBN 978-7-100-18032-0

Ⅰ. ①心… Ⅱ. ①雍… Ⅲ. ①国家公园—区域环境—讲解工作—研究—青海 Ⅳ. ① S759.994.4

中国版本图书馆 CIP 数据核字（2020）第 002487 号

心随星海皈自然
三江源国家公园黄河源区环境解说
雍怡 主编

商 务 印 书 馆 出 版
（北京王府井大街 36 号 邮政编码 100710）
商 务 印 书 馆 发 行
北京新华印刷有限公司印刷
ISBN 978 - 7 - 100 - 18032 - 0

2020 年 1 月第 1 版 开本 880 × 1240 1/16
2020 年 1 月北京第 1 次印刷 印张 10½ 插页 1

定价：72.00 元

序一

在古老黄河的源头，有一片广阔的草原，数千大小湖泊点缀其上，从高空俯瞰，宛若星辰，故得其美名：星宿海。现在，这里已经是三江源国家公园的核心腹地，属黄河源区。这本书讲述的正是黄河源的故事。

三江源是长江、黄河、澜沧江的源头，是世界生物多样性最富集的地区之一，是中华水塔，是中国乃至整个亚洲最重要的水源地和生态功能区。但三江源却是一个新的名字，直到20年以前，人们还从未听说过这样一个地方。

从2000年8月三江源自然保护区成立，到2011年11月建立“国家生态保护综合试验区”，再到2015年12月习近平总书记主持召开中央全面深化改革领导小组第19次会议，及至今天三江源国家公园试点建设一步步取得扎实成果，对我国国家公园体制试点视野做出重要探索和示范作用。从中国历史上面积最大的自然保护区、国家生态保护综合试验区、中国国家公园体制试点，一步步走来，三江源见证并铭刻着中国走向生态文明的光辉足迹。

在某种意义上，国家公园可以被看作国家整体的象征，它承载着全民族的灵魂和希望。这是生活在当下的人为子孙后代设立的一座永久性的精神殿堂，在未来的岁月里，它势必成为民族优良品质的一个显著标志。随着时间的推移，一代代中华儿女所能赋予它的精神文化内涵也会越来越丰富和深厚，从而促成整个国家、民族乃至世界人类永久性的自然资源和精神文化遗产。它必将促进人与自然的永久和谐，共同谱写未来人类生态文明的崭新篇章。

这一路走来，足以看出国家对三江源寄予的厚望，而且，可以肯定地说，这种寄予更加着重于未来意义上的中国和她的各族儿女，因而也更加着重于“世代传承，促进自然资源的持久保育和永续利用”。

值得庆幸的是，中华大地终于有了自己的国家公园。这一切当然归功于这个伟大的时代。保护好“中华水塔”，确保一江清水向东流，这是时代赋予我们的神圣使命。“绿水青山就是金山银山”，这是总书记对我们的谆谆告诫。我们何其幸运，能在这样一个伟大时代，为祖国和人民肩负如此光荣的使命！但是，使命光荣也意味着责任重大，唯呕心沥血、殚精竭虑、鞠躬尽瘁，使三江源永葆自然的优美、壮观，让大自然的美妙和谐融入人们的心灵，谱写人与自然和谐共荣的时代华章，方不辱使命。

从这个意义上说，这本书的印行可谓适逢其时。除了建设好国家公园，保护好三江源的一草一木，我们也要讲好国家公园的中国故事，为中华民族的子孙后代留住这个时代的光辉记忆。如是。为序。

三江源国家公园管理局局长

2019年11月25日

序二

能拿到《心随星海皈自然》的样书，先睹为快，实属不易。庆幸之余，更有一丝激动，因为书中一幅幅精美的图片，唤起了我内心深处有关长江源的美好回忆。

首次与青藏高原和长江源相遇，还是1986年的事，那时我参与协调中美长江漂流法律事务，多次被漂流队拍摄的影视素材所震撼。而10年后当我组织“清洁珠峰”活动，双脚踏上那片神奇的大地，眼见一朵朵洁白无瑕的祥云自头顶飘过时，激动的泪水一次次夺眶而出。又过了三年，为修建长江源标志碑和纪念碑[1]，我与青藏高原再度有了一段更深、更长和更亲密的接触。这更是我的一次学习之旅，得益于团队中的科学家和随队藏族向导的帮助，从地质地理到自然生态，从民俗风情到历史文化，这片美丽的国土在我心中的样貌更加鲜活而丰富。然而，又有多少人能如我这番幸运，常有良师伴行呢？

工作30多年来，在多次国外参观学习中，印象最深刻且触动内心情感最深的是美国国家公园的图文解说系统。它如同一位博学多才、从不疲倦且能全天候释疑解惑的良师益友，总能出现在国家公园最为关键的位置，为万千访客提供科学化、人文化的解说，甚至还能引导人们价值观的转变，带来行动的感召力。为此，在我执导的纪录片《美国环保之窗》中，用了5集75分钟，专题介绍美国国家公园的运营管理模式和经验，希望有一天，环境解说系统能来到中国，为更多的人们体验感悟和保护祖国的秀美山河增加一份力量。

2016年，我有幸受世界自然基金会邀请，前往青海三江源考察我国首个国家公园，特别是共同研讨如何设计国家公园的环境解说系统。三江源国家公园因为独特的地理条件，成为地球上受人类活动影响较少的地区之一，其原始的生态系统及地质地貌得以完整地保存，是无比珍贵的自然遗产。所以，在三江源开展环境解说工作，意义重大，不仅会让访客更好地了解当地生态系统的科学机理、演变过程，以及人类迁徙、文化宗教发展与这里独特的自然环境之间的关系，而且作为中国第一个国家公园，其环境解说系统的设计、建造和运行，会成为后来者的一个标杆，发挥旗帜导向和引领作用。

令人欣喜的是，《心随星海皈自然》让我们看到了期待已久的环境解说的雏形。从高原冰川，到旷野生灵，从璀璨文化，到试点创新，雍怡博士带领编写团队，多次赴高原实地调研，将专业的理论、方法、政策，用通俗易懂，又生动可感的文字，结合直观又极具视觉冲击力的图片表达出来。这本书奉献给读者的，不仅是视觉的享受，也是敬畏自然的一次膜拜之旅。当然我更加期待，在未来能看到以此书为基础的环境解说系统能落地三江源国家公园，让专程来访或途经此地的人们，道法自然、净化心灵、启迪思考和践行绿色。

生态环境部宣教中心主任

2019年12月6日

1. 标志碑建于海拔5400米处的姜古迪如冰川前；
纪念碑建于海拔4600米左右的沱沱河畔。

序 三

我从未亲身造访过黄河的发源处，却在应邀为《心随星海皈自然》一书撰序的过程中，与这条母亲河结了缘！这本书带领我进入了这个充满奥妙的大自然殿堂，相信各位读者如有机会阅读此书，也会像我一样对中国的第一个国家公园充满了憧憬与想象。

本书运用生动的解说和丰富的影像资料，将不容易到达的三江源国家公园黄河源区美丽的自然环境、风土人情带到每一位读者的面前，创造了美丽的邂逅。更重要的是，揭示了隐藏其后的大地万物间彼此互动和互相依赖的生态关系与原理，并以全球自然保护的视角，阐述了这独一无二的国家公园存在的意义与价值，表达出对落实在地保护的关怀与期待，相信读者会很受启发。

国家公园是创造意义与连结的圣地！世界各地的国家公园都努力通过建构完善的环境解说服务，使到访游客对国家公园的自然与文化资源，产生对自我意义与情感的连结！而这种重要生命经验的创造，更是丰富游客生活体验与生命经验的重要泉源。

美国环境解说大师弗里曼·提尔顿（Freeman Tilden）认为，有意义的解说不仅是对游客介绍呈现于眼前的事物，更要帮助游客对隐藏于这些具象事物背后的意义产生共情和心理上的连结。因此环境解说不仅提供资讯与知识，更强调有意义的解说（meaningful interpretation），以帮助游客达到揭示（reveal）、连结（relate）、激发（provoke）三个层次的效果。

我期待国家公园管理单位能通过环境解说系统的发展（当然此书的出版是其中一环），促使来到三江源国家公园的访客从大自然中汲取养分，对个人、人类、生物、生态系统乃至整个地球，有更深刻的反思与价值思考。要推动这样的努力，基础研究不可缺少。但是要让到访的游客与其他公众理解科学研究的成果，并进一步产生关系与关怀，有效的解说是不可或缺的。

在这本书中，我可以看出主编与各篇章的作者与资料整理者、摄影者对“原真自然”深沉的热爱，以及邀请所有读者共同参与自然保护的殷殷期盼与呼吁。这份期盼与心灵的高度，让这本书有了不一样的“温度”；也让这本书里所呈现的知识，不论是自然还是人文方面的，都不再只是知识，而是“有温度的知识”。这是未来推动国家公园建设与开展环境解说工作不可缺少的关键精神。

“天地有大美而不言”，但通过本书以及未来在三江源国家公园建构发展的解说系统，我相信所有的读者或是亲自造访的游客，都将能够用心体会“天地之大美”，领会天地万物那种令人赞叹的存在意义与极致的美感。这就是国家公园存在的价值以及有效的解说服务的重要性。

我很高兴从《心随星海皈自然》一书中看到，三江源国家公园在建设发展之初，就重视解说在国家公园事业中扮演的重要角色而进行了相关基础工作，并跨出了稳健的一步。我也借此机会祝福所有支持国家公园以及在国家公园事业发展中默默奉献的所有朋友。

周儒
台湾师范大学环境教育研究所教授
2019年11月19日

编者序

在这个世界上，有没有一个地方会激发一种向往？

即便求之不得，也不愿将其从人生愿景目的地中轻易抹去？

对于广袤的中国大地来说，这个地方跨越时空、民族，编织起山河、植被，可以引领所有普通人去悉心欣赏、深入感悟、追求探索和发心守护，因为她提供的不仅是生命给养，更是气魄精魂。她见证着这个星球上世代的演替，至今仍毫无保留地滋养着她怀抱与腹地中的繁衍不息的华夏民族。

这个地方，就是三江源。

三条大河，从冰川和湿地出发，涓流成川，变蜿蜒为奔腾，一路向东向南，开山分岭，历千万年雕塑出青藏高原坚毅粗犷的地景轮廓，整个中华和中亚大地的底图也因此绘就。在母亲河的滋养下，炎黄子孙绵延繁荣，尽享丰饶。

三条河流的故事，各自精彩。这本书，选择从黄河源开启我们的解说之旅。

"循源护生悟敬畏。"长江源是人们探究最深入、了解最深刻的母亲河源头，自古以来人们在认识和保护长江源的过程中理解并反思人与自然的关系。"仰山慕水育多元。"跨界河流澜沧江是一条有待探究的河源。这条多元融合背景下的国际性河流，见证了复杂多元的地形地貌、气候水文、生境物种、族群文化、时代演替，仍有未知和神秘等待着我们去挖掘。而黄河源的意义，超越了河流本身。作为中华文化最古老的发源地，源头湿地星宿海的景观和意象，饱含了自古以来地理探源的人文情结，也可能是对黄河源的自然和精神意义的直观展现。千百年来华夏儿女一直相信，河流的源头，高山之巅，不仅是生命之源，更是星宿所栖之地，潜藏着先民朴素、自然的唯物史观。无论是过去还是现代，黄河探源是三条大河中开始最早的，其所承载的意义不仅是寻找源头，更是为了找到人类的心灵归宿。而这，也正是本书定名为"心随星海皈自然"的虔诚情愫。

对每个中华儿女来说，此方神秘而纯洁，熟悉却遥远，宝贵且圣洁。人们敬畏她的高远，感恩她的哺育，又疼惜她的脆弱。人们对她充满无尽美好的遐想，渴望一亲圣泽，又不敢轻易冒犯。这片在中国西部高隆山脊上密织着群峰和峡谷，点缀着河流与湿地，并为无数坚毅生灵提供居所的土地，不仅是亿万生命生存所依的水之源头，更是华夏文明的起源和自然信仰的寄托所在。

2016年，这里被赋予了一个新的名字：国家公园。

这是整个国家和民族经过最审慎的考量，给这片土地赋予的最恰当也最伟大的称谓：三江源国家公园——中国第一个真正意义上的国家公园。

在全球通行的认知和我国全新自然保护地体系格局中，国家公园都是最重要的自然保护地类型，也是保护并传承一个国家最珍贵的自然和文化遗产的最权威平台。在生态文明建设的新时代语境下，国家公园建设为梳理、规范我国复杂的自然保护地体系指明了方向和重点。在中国960万平方公里的土地上，还有多少值得我们世世代代去珍视、研究、理解和融入的地方？三江源国家公园作为“第一个”的光荣使命，所肩负的探索意义，不仅仅在于自身，更在于对国家公园整个行业在自然保护、体制创新、绿色经济、社会参与、环境教育等各个领域的探索与引领。

这就是我们编写这本书的初心、使命和愿景。我们期待基于世界自然基金会（WWF）和三江源国家公园战略合作背后彼此深耕一线的保护经验，运用国际通用的环境解说的理论方法和实践策略，挖掘和演绎三江源国家公园最珍贵、独特，同时生动、深远的内涵和意义，让每一个中华儿女，无论是否能真正来到这里，都能有平等的机会去感受和理解这片土地对于整个国家、民族，甚至每一个人的生存、生活、生命的意义。我们尝试绘就这里奇绝的自然、水文和地质风貌，记述不惧严苛环境在此繁衍生息的高原生灵，梳理千万年来人类与自然博弈磨合后凝练的智慧文明，也在国家公园建设背景下解读新的机遇和挑战。

本书能够完成，要感谢青海省林业和草原局李晓南书记、三江源国家公园管理局赫万成局长、王湘国副局长、田俊量副局长以及生态展览陈列中心、生态处、国合处、玛多县政府、黄河源区管委会等各部门、机构的大力支持！广汽传祺坚持不懈地为本项目提供支持，感谢他们的社会责任感与公益情怀！感谢世界自然基金会卢伦燕常务副总干事、周非副总干事、国家公园项目主任黄文彬先生，以及保护项目、公众参与项目、公益合作项目的协力参与，感谢新生态工作室、城市荒野工作室、绎刻自然工作室等合作团队的信任支持和对成果作出的重要贡献！

在和平年代，什么最能够承载人们对祖国和家园的情感？是我们坚定自信的国际形象，血脉中流淌的柔韧自强的民族精神，源远流长的丰饶文化和传统，更是我们所生活的这片土地上独一无二的高山大川、伟岸自然、璀璨生灵，以及可以用“国家公园”这四个字涵盖的、由它们所凝练和代表的家国情怀和家园愿景。所以，从某种意义上来说，本书的使命和意义，不仅在解说三江源国家公园，更在于为人们展示理解中国国家公园的视角和思路，向每个人发出思考个体、家国和时代使命的殷殷祈望。

四顾寰宇，山河唯三江源为尊。吾等能为其书就笔墨心迹，何其有幸！愿读者诸君，也能感同身受，为身为华夏儿女而自豪自信，更为保护和传承的使命，奋进不息！

一个地球自然基金会

2019年11月19日

夏季的玛多自然景观 ©张树民

夏季的三江源国家公园黄河源区，候鸟在湖面上游弋　©张树民

目录

01 前言 1

1.1 用环境解说联结人与自然 3

1.2 理解黄河源区的五个视角 5

1.3 解说我们的国家公园 13

02 世界第三极的地景见证 16

2.1 高原崛起 20

2.2 河源于此 24

2.3 冷润高原 30

2.4 三江之源 32

03 中华水塔的天赋资源 34

3.1 黄河溯源 38

3.2 河源湿地 42

3.3 高原星海 48

04 严苛高原的自由生灵 56

4.1 走进高原植被的世界 60
4.2 独特的高原植物 64
4.3 与高原生灵相遇 74
4.4 高原世界的自然法则 104

05 虔诚守护的生生不息 106

5.1 生活在高原 110
5.2 传统生活的智慧 114
5.3 新时期的守护 122

06 国家公园的引领创新 128

6.1 国家公园的“诞生”之路 132
6.2 守护与转型中的新生 138
6.3 家国情怀的共建与传承 146
6.4 护园有你 150

01

前言

三江源地区独一无二的资源禀赋，及其对维系整个亚洲地区三条最主要河流的流域水资源及生态安全的贡献，使之当之无愧地成为中国第一个真正意义上的国家公园。三江源国家公园所保护的自然和文化遗产价值，以及国家公园建设和管理的制度及方法，这一切探索所承载的责任和使命，远远超过“三江之源”这几个字所能够涵盖的内容和深度。

三江之源虽一脉同根，却各具特性。长江源最为我们熟悉和了解，无数科考和研究的解读和揭示，让人们领悟敬畏自然的意义；澜沧江源多元融合背景下国际跨界河流的身份，平添了神秘，无数未知依然等待着我们的探索和发现；黄河作为华夏文明的摇篮，源自何方，自古以来就承载着中华民族对“根”最深远的追寻和对信仰最虔诚的寄托。

本书的策划、编写和问世，是三江源国家公园、国际自然保护组织世界自然基金会和有强烈社会责任感与公益情怀的中国品牌广汽传祺开展三方跨界合作的产物之一。该项目始于2017年，以探索三江源国家公园试点建设工作的示范性、实践性和推广意义为出发点。首期合作为期三年，从黄河源区开始，逐步推进并深化至整个源区。一期项目重点关注国家公园的体制和机制建设、高原湿地保护恢复和水鸟调查、国家公园环境解说及宣教系统设计研究，以及国家公园的志愿者参与平台设计和机制研究。

本书是黄河源区环境解说及宣教系统设计研究子项目的主要工作内容之一。基于三江源国家公园既往科学研究成果、上位规划资料的梳理和总结，结合多次赴现场开展实地调研和自然体验路线及场域空间识别和定位匹配，从访客的视角出发，在国家公园浩如烟海的物种和资源清单中，挑选出最具有代表性和解说价值的内容，提炼出最能直观、清晰阐释黄河源区独特价值和意义的解说主题框架，用讲故事的方式，为公众解说并演绎这里保护的属于国家和人民的自然和文化遗产的深厚价值，以及国家公园所传递的全民意志和家国情怀。

在此案例基础上，总结国家公园环境教育和环境解说系统规划的构建理论、工作流程和实践方法：如何运用环境教育和环境解说的专业方法梳理国家公园的环境教育资源，提炼环境解说主题框架和资源系统，深化设计解说的形式和内容，并探讨可供延伸运用于国家公园环境解说户外设施、主题展陈、人员解说、媒体宣教等各种形式的实践路径，以期形成系统化的工作流程和方案，总结可供推广的经验案例，为推动我国国家公园试点工作专业、系统地开展做出积极务实的贡献。

这本书的目的，便是引导大家去感受、了解和理解黄河源区：地球上这块最年轻又最伟岸的高原是如何形成并延展成今天的样貌的？在如此严苛的极端环境下为什么会出现一片丰润的湿地？万千生灵如何在此与天地共生，适应极端环境，练就奇绝的生存本领？人类在这里留下了怎样的足迹，又如何用智慧和坚毅塑就当地充满韧性的传统生活方式？而国家公园的建成和建设，又会为这块土地的未来发展带来怎样的启示和契机？请跟随我们一起，走进这块似乎距离很远，却又如此亲近的高原圣地。

对于三江源国家公园来说，可以用环境解说的方法去挖掘和传递的内容包罗万千。通过环境解说去塑就三条河流各自的个性化解说定位和自然体验属性，并通过对黄河源案例的深度研究和未来延伸运用，为中国的国家公园如何系统化、规范化、有序化地开展环境教育和环境解说的工作探索一条可供借鉴的路径，是超越这本书的内容之外的题中之意，对各参与机构和整个行业发展有更重要的实践探索意义。

1.1 用环境解说联结人与自然

环境解说，在全球通行的学科专业认知上，是属于环境教育专业的一门理论和方法体系都相对成熟，基于研究但以实践应用为导向的学科。环境解说不是单纯地由解说人员去讲述或教授与环境相关的知识。当解说的对象是在自然环境中开展参访、游览、体验和学习的访客时，解说就成为一种从访客的视角出发，创造解说对象和解说目标（本书范畴内指国家公园所保护的珍贵而独特的自然和文化遗产）之间的有效沟通与情感联系的方法及手段。环境解说融汇了情感的触发和信息的传递、理解能力，有助于激发兴趣和持续关注，进而有效地传递信息。

被尊称“解说之父”的弗里曼·泰登（Freeman Tilden）在他的著作《解说我们的遗产》中指出，“解说是一种教育活动。它旨在基于访客的实地感受和体验，通过运用实物展示和讲解，借助各种演示媒体等综合手段和方法，来揭示事物的内在意义及其相互关系，而不是简单地传递信息。”由此可见，解说的最终目的，是有效的教育。无独有偶，在中国，我们常常把宣传和教育融合在一起，所谓宣教，是密不可分的两方面：宣传的目的是一种对人的观念的影响和潜移默化的教育，而教育因为宣传的形式、方法和手段而呈现出多元性、互动性，因而大大地提高了其有效性。

对于国家公园来说，环境解说一直是世界公认的国家公园基本管理工作的必选内容之一。解说的目的，或者说所承载的使命，不仅仅是有效地传递信息，让访客理解国家公园资源保护的价值和意义。国家公园是一种国家意志和行为的体现，它所保护的自然和文化遗产价值，具有国家层面的独特性、代表性和完整性，从某种意义上来说代表了这个国家和民族最有代表意义的资源。因此国家公园的环境解说也必然要通过有效的传播方式，去传递这种国家意志，引发对保护意义的共鸣，更进一步上升到保护意愿的激发甚至促成保护行动的层面。

早在19世纪末，环境解说的创始人埃诺斯·米尔斯（Enos Mills）在落基山国家公园从事环境解说活动时就提出：“游客若能更了解和关心我们的资源的价值，就会想要去保护。”国家公园环境解说的目的应该能回应这种对公众价值观的引领和对保护行动的鼓励。

更重要的是，在和平年代，国家公园还承载着每一个人对自己的国家、民族、家园的记忆和印象。2016年1月，美国《国家地理》出版美国国家公园百年纪念的专刊，在开卷文《国家公园如何讲述我们的故事，并建立自我认知？》（How National Parks Tell Our Story, and Show Who We Are）中写道：“国家公园在象征主义的意义上成为民族国家和公民社会的一部分，担负着作为国族历史记忆容器的重大责任。”所以国家公园的环境解说，也肩负着一个使命，就是为无法亲身来到国家公园的人们，去解说、描绘、揭示、传递那些最能代表我们国家和家园的雄峻山川、广袤大地，以及深植其中的民族的魂和根。

"解说创造人与自然、人与文化遗产之间的知识和情感的连接，使人尊敬、欣赏自然，进而促使人们愿意保护这片土地。"

——美国农业部林务局

三江源国家公园黄河源区的牛头碑，建于措日尕则山的顶峰 ©张树民

1.2 理解黄河源区的五个视角

在开始阅读本书之前，让我们先来了解如何从不同的视角切入，去理解三江源国家公园黄河源区，从全球的宏观尺度，到高原湿地的中观维度，再到高原上多姿多彩的生灵万物，以及千万年来在这块独特环境中世代与自然磨合的人们所领悟的自然智慧和生活方式，最终从国家公园试点创新的视角回归主题和本位。我们希望借此陈述的逻辑线，引导大家去重新认识和理解一个既具有全球保护价值，又承载着中华民族的家国情怀，由一个个具体、生动的自然故事串联起来的黄河源。

青藏高原与地球史

当宇航员在200~400公里高空俯瞰地球时，他看到，在没有国境线的土地上，森林、草原、沙漠、河湖等生态系统彼此交织，又被蔚蓝的海洋包围[1]。其中，青藏高原以其高耸的海拔、绵延的山脉、丰沛的水系以及璀璨的湖泊，成为这片陆地上最醒目的高地。而这样的视角，也可以帮助我们将对青藏高原的认识从“中国西南一隅”的印象中抽离出来，获得更为宏观和全面的理解。

“青藏高原”是本书中，我们认识三江源国家公园的第一个关键词。一定程度上，三江源国家公园的成立，是对整个青藏高原生态环境保护的凝练和回应。《中国国家地理》曾经把三江源国家公园称为“写给青藏高原的情书”[2]。这种修辞并不夸张。如果整个地球要设立“地球公园”的话，青藏高原一定当仁不让地成为最重要的选择之一。如果要描述整个地球的演化史，那么这座星球上最年轻的高原崛起并成为世界第三极的过程，一定是其中最为重要的一笔。

青藏高原总面积250万平方公里，东西横跨大约3000公里，南北约1500公里，平均海拔4500米，是地球上面积最大、海拔最高的地区。[3]青藏高原周围群山环绕，南有喜马拉雅山，西有喀喇昆仑山，还有昆仑山脉贯穿北部。它由平地而为高原的再造经历，是我们的地球史上洋陆重组、板块碰撞等一系列重大事件的直接结果。当它以高出周围地区5000米的高原形态探伸入大气对流层中部时，这种强烈的隆升更对全球气候和环境形成了深远的影响。在地球的尺度上，青藏高原的意义已远超地质演化的范畴，更成为关涉一系列地表和环境变化的关键，例如地貌、河流的形成、亚洲季风的演变以及生态系统的变化。直到今天，在有关地球上重要的化学循环、温室效应，甚至地球以外的太阳活动乃至宇宙活动的国际前沿领域研究中，青藏高原都提供了最为重要的研究平台。

只有当我们了解了青藏高原在整个地球科学中的意义，我们才能了解三江源国家公园设立背后的全球语境。世界对青藏高原的关注开始于17世纪后期的欧洲探险者。这片世上绝无仅有的巨型内陆高原令西方世界痴迷不已，他们对沿途发现于岩石内的远古海洋生物化石感到不可思议。20世纪50年代，中华人民共和国成立后不久，刘东生、施雅风、常承法等科学家对青藏高原成因的研究奠定了中国在相关领域的领先地位。[4]而到了今天，伴随着全球环境问题的出现，越来越多的人开始关注全球变暖、气候变化、冰川融化、沙漠化、食品安全和生物多样性丧失等问题，这进一步彰显了青藏高原在环境方面的重要性。

这也为我们理解三江源国家公园的“国家”属性提供了一个新的角度。它不仅意味着国家的级别和为全民所有的特性，更代表着国家对世界的一种责任和方略。对于幅员涉及巴基斯坦、印度、尼泊尔、不丹等多个国家的青藏高原地区而言，位于高原腹地的三江源国家公园和相应自然保护体系的建立，正是中国在其广阔版图之内，意图承担全球责任的重要响应。

1. Andre Kuipers. NASA宇航员的Flickr网站. https://www.flickr.com.
2. 唐涓. 三江源国家公园. 中国国家地理, 2016, 三江源国家公园增刊: 45.
3. 丹尼尔·J. 米勒.今天的西藏何以如此举足轻重. 中外对话, 2009.
4. 马丽华. 青藏光芒——中国科学院青藏高原研究进行时. 西藏人民出版社, 2018.

三江源与中国

三江源地区位于青藏高原腹地，平均海拔4000米以上，总面积39.5万平方公里。它对于中国有多重要？如果说世界上每一个伟大文明的形成和发展，都需要一个与之匹配的地理空间作为孕育温床，那么对中国来说，青藏高原与三江源地区，正是塑造中华文明的独一无二的地理空间和历史场域。

青藏高原的隆起重塑了中国的现代地貌，形成了东南季风区、西北干旱区和高原高寒区三大自然地理类型；让中国东南地区避免了沙漠化的命运，从而成为雨量充足气候湿润的鱼米之乡；来自西北的气流将当地黄土刮向东部，在我国中部偏北堆积起土质疏松的黄土高原……最为重要的是，形成了长江、黄河、澜沧江等大型水系的格局。

这是三条构造了中华大地血脉的江河。每一个中国人都对这些地理名词耳熟能详：江南、黄土高原、河套平原、茶马古道……在这些孕育了中华文明的词汇的背后，离不开三条江河的滋养。其中，长江、黄河作为中华民族的母亲河，孕育了璀璨的华夏文明；澜沧江是重要的国际河流，一江通六国，是国家和民族友谊的纽带。三江所经过的流域总面积约有280万平方公里，接近我国国土总面积的三分之一。三大流域之滨，生活着7亿人，超过我国人口总数的一半。一定程度上，三江奠定了中华民族生存空间最为重要的骨架。

所以，“中国与中华文明”，成为我们解说三江源国家公园的第二个关键词。这块在中国版图上广袤但偏远的地区，却是对所有中国人意义深远的存在。作为中国乃至亚洲的重要水源涵养地，三江源是我国长江、黄河两大母亲河的发源地，也是东南亚第一巨川、世界第六长河澜沧江的源头。这里每年向中下游供水600多亿立方米，其中黄河264亿立方米，长江179亿立方米，澜沧江126亿立方米，长江总水量的25%、黄河的49%和澜沧江的15%来自该地区。[1] 我们在日常生活中饮水、用电、灌溉……都离不开水资源的支持。

在三江源地区，我们能看到这三条江河最初被孕育的模样。这里没有壮阔的江面和湍急的水流，而是无数弯弯曲曲的支流不断汇聚，并不断向下游输送。上游产水，下游用水。自此，中国从最西部向最东部的地形三级阶梯被不可分割地联系起来。这种对水的利用也在无形中为上下游生活的中国人提供了一种相互依存的联系。在三江源地区的黄河源区生活的藏民们以游牧为生，这种对水资源消耗极少的生活方式，为下游的人们腾出了用水的空间。[2]

三江源地区和中国的关系，更进一步体现在作为国家的生态安全屏障上。在三江源，支撑“中华水塔”的基础是世界上独一无二的高原湿地生态系统，尤其是冰川雪山、高海拔湿地、高寒草原草甸等具有重要水源涵养功能的区域。这种独特的气候特征、特殊的地理位置和丰富的物种基因，使其在全国甚至全球生态系统中占有非常突出的战略地位，维系着全国乃至亚洲生态安全命脉，也是全球气候变化反应最为敏感的区域之一。

1. 杨勇. 江源颂歌——只有一个中华水塔. 中国国家地理，2016，三江源国家公园增刊：66.
2. 单之蔷.黄河日记.中国国家地理，2017，黄河黄土特刊：74.

三江流域概览

> **“‘中华水塔’是国家的生命之源，保护好三江源，对中华民族发展至关重要。”**
>
> ——习近平

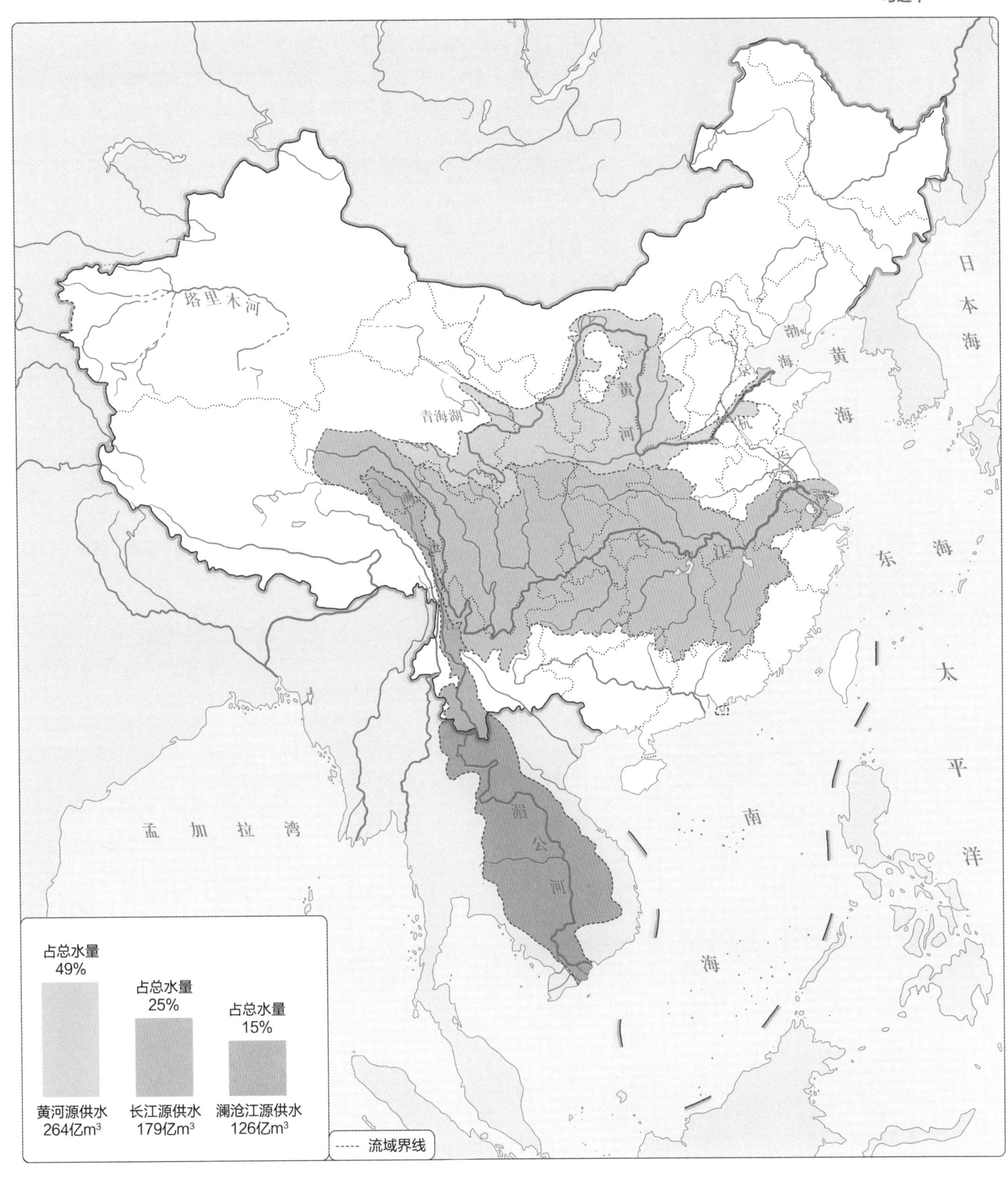

黄河源与黄河流域

黄河全长5464公里[1]，仅次于长江，是中国第二长河、世界第六长河。黄河发源于中国青海省巴颜喀拉山脉北麓的约古宗列盆地，流经青海、四川、甘肃、宁夏、内蒙古、陕西、山西、河南、山东9个省区，最后于山东省东营市垦利县注入渤海，一路蜿蜒曲回，河道实际流程为源头至河口直线距离的2.6倍多，其河流弯曲度之高、携带泥沙量之大，在全球的河流中都十分罕见。

黄河主要支流有白河、黑河、湟水、祖厉河、清水河、大黑河、窟野河、无定河、汾河、渭河、洛河、沁河、大汶河等，流域面积79.5万平方公里。黄河流经之处及其流域辐射范围内，泥沙塑就了华北平原的形貌，水源滋养着世世代代生长于此的人民，这里是中华文明重要的发源地和繁荣地，也见证了华夏民族的繁衍生息，兴旺繁荣。

黄河干流在三江源地区的流程长达1959公里，流域面积16.7万平方公里，占黄河流域总面积的21%，水量占黄河总水量的49%。在藏族人的语言中，黄河并不叫“黄河”，甚至和黄色的河流毫无关系，而是叫“玛曲”，其含义是“圣水”“可治疗疾病的有神奇力量的水”。黄河在源头，并不是泥沙含量极高的混浊河流，它不仅清澈流淌，温柔蜿蜒，更是藏族人心目中神圣、圣洁的象征。

黄河源、黄河、堤岸、黄土高原、农业、壶口瀑布……黄河串起的，是一部中国历史，从最古老的定居开始，到农业的选择与发展，到城镇的形成与繁荣，到文化的积淀和丰富；中华文明的起源与发展中，黄河流域是最重要的孕育场所。沿着黄河流域，以彩陶文化（仰韶文化）和黑陶文化（龙山文化）为主，发现了大量的古文化遗址。在中国历史上，黄河流域给人类文明带来了巨大影响，是中华民族最主要的发祥地之一。因而，中国人称黄河为母亲河。

黄河，在每个炎黄儿女心中的崇高地位不言而喻。它一直都被中国人奉为中华文明的发源地，绝大多数人心中可能都有这样的印象：她汹涌澎湃，却不失威严坚定；她蜿蜒坎坷，却不忘滋养沿岸生灵；“几”字形的河道自西向东贯穿了中华大地的北方疆域，滋养并见证了中华文明的发源与发展；历史上她曾经桀骜不驯肆意游走，近年来她也经历了干涸断流的悲情与无奈……黄河的故事恰如中华民族波澜壮阔又跌宕起伏的历史一般耐人寻味。

1. 黄河水利委员会.http://www.yellowriver.gov.cn

高原生物与保护区

在全球的陆地生态系统中，跨越梯级海拔的高大山脉，一直是生物多样性高度丰富的热点区域。[1] 有“地球第三极”之称的青藏高原，作为地球上最独特的自然地理单元之一，这里的环境与气候条件复杂多样，隆起的高原一方面保留了一些古老的生物种类，成为某些古老物种的天然庇护所，同时也产生了许多新的物种，是许多物种的分化中心。

野生动植物，成为我们认识三江源国家公园的又一个维度。根据2012年发布的《中国生物多样性保护战略与行动计划（2011—2030年）》，三江源是全国内陆32个生物多样性优先区之一，这里有野生维管束植物2238种，国家重点保护野生动物69种，占全国国家重点保护野生动物种数的26.8%。藏羚羊、雪豹、白唇鹿、野牦牛、西藏野驴、黑颈鹤等特有珍稀保护物种的种群数量在其全球种群总数所占比例高，素有“高原生物自然种质资源库”之称。

在这里，植物的种类、形态、适应性及生境等各方面都显示出惊人的多样性，如精灵忽现的绿绒蒿、不起眼但结构精巧的点地梅、艳丽多姿的马先蒿、背负着误解之名的狼毒、赫赫有名的雪莲……无论是形态方面，还是生理代谢方面，高度特化的植物种类在适应高原严苛生境的过程中，形成了多样的适应机制。

然而研究发现，青藏高原的自然环境和生态系统都较为脆弱。2017年，我国时隔40余年启动第二次青藏高原科考行动。根据该科考组最新研究报告，青藏高原生态系统趋好的同时潜在风险增加；亚洲水塔失衡，冰崩等新灾、巨灾频发。过去50年来，青藏高原及其相邻地区冰川面积退缩了15%，高原多年冻土面积减少了16%；青藏高原大于1平方公里的湖泊数量从1081个增加到1236个，湖泊面积从4万平方公里增加到4.74万平方公里。[2]

以上所有研究和数据可以帮助我们理解三江源地区作为国家公园进行系统性保护的紧迫性。2005年，国务院批准实施《青海三江源自然保护区生态保护和建设总体规划》，标志着三江源地区全面进入系统化、大规模的生态保护和建设阶段；2012年，国务院批准实施《青海三江源国家生态保护综合试验区总体方案》，将整个三江源地区的生态保护进一步上升为国家重大战略；2014年，国务院批准实施《青海三江源生态保护和建设二期工程规划》，标志着三江源生态保护工作迈入全面推进、科学保护的新阶段；2017年，三江源国家公园被正式宣布作为我国第一个国家公园试点单位，更是意在通过强化其国家地位，更好实现对该区域自然生态的系统保护和整体修复，进而保护好冰川雪山、江源河流、湖泊湿地、高寒草甸等源头地区的生态系统。

1. 杨扬，孙航．高山和极地植物功能生态学研究进展．云南植物研究，2006, 28 (1)：43~53.
2. 新华网．第二次青藏高原科考首期成果发布．http://www.xinhuanet.com/tech/2018-09/05/c_1123385803.htm.

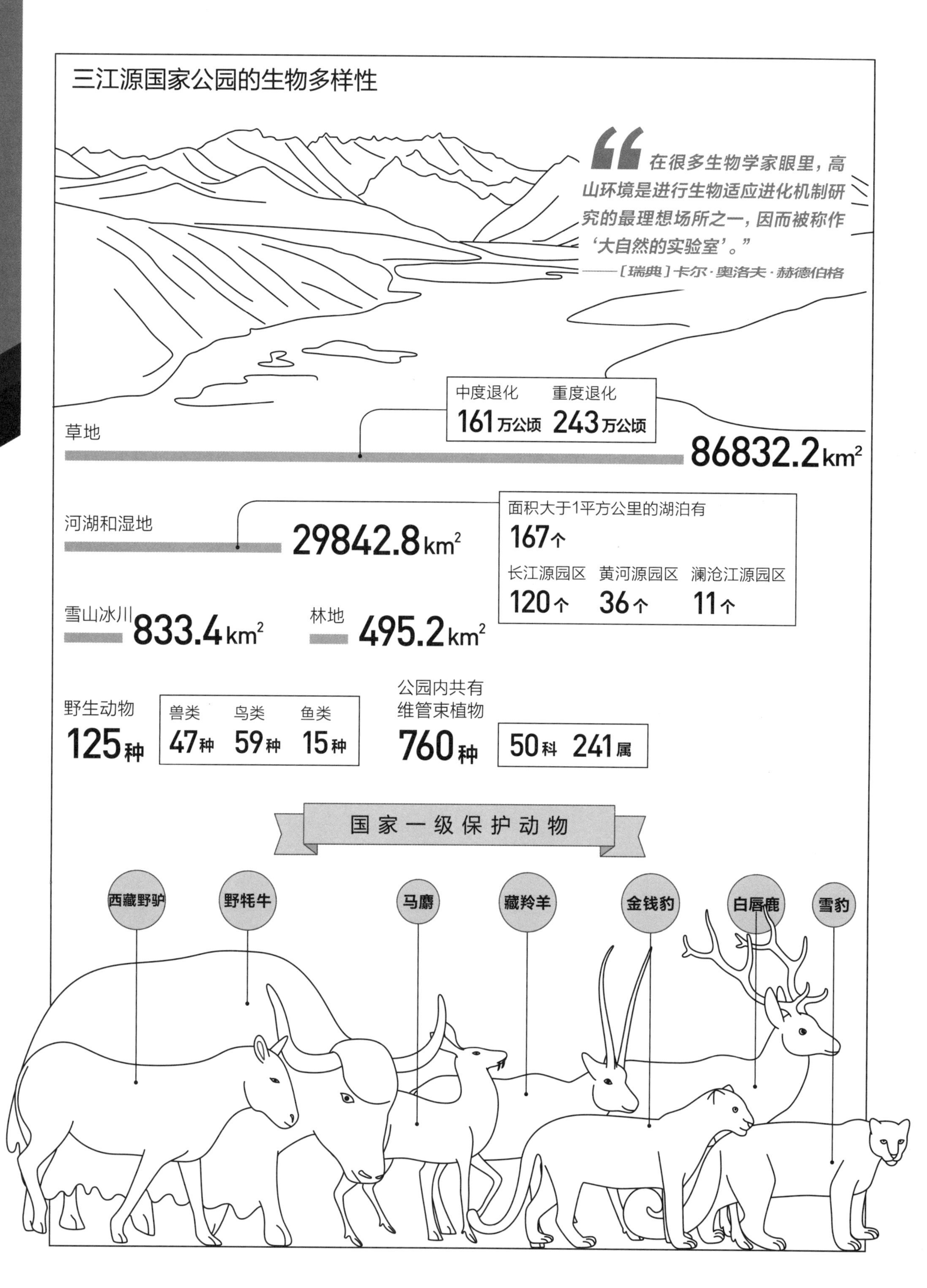
三江源国家公园的生物多样性
在很多生物学家眼里，高山环境是进行生物适应进化机制研究的最理想场所之一，因而被称作'大自然的实验室'。”
——[瑞典]卡尔·奥洛夫·赫德伯格
草地
中度退化
161万公顷
重度退化
243万公顷
86832.2km²
河湖和湿地
29842.8km²
面积大于1平方公里的湖泊有
167个
长江源园区
120个
黄河源园区
36个
澜沧江源园区
11个
雪山冰川
833.4km²
林地
495.2km²
野生动物
125种
兽类
47种
鸟类
59种
鱼类
15种
公园内共有
维管束植物
760种
50科
241属
国家一级保护动物
西藏野驴
野牦牛
马麝
藏羚羊
金钱豹
白唇鹿
雪豹

人、生活与国家公园

在三江源这样环境严苛的地方，除了无数野生物种，也有我们人类的世代聚居。无论是玛多县城记述的英雄史诗《格萨尔王传》，还是当地牧民口口相传与高原和草场共生的传统智慧，人们在这里与严酷的环境博弈，与高原生灵相伴，也在与自然达成共识和妥协的过程中更深刻地理解自然，认识自己。

人，以及他们在高原上的生活，成为我们解说三江源的又一个视角。在当地人心中，所有的山和水都有神灵居住，这些神灵是保佑一方水土的守护神。在这个世界里，所有的荒野之地，都是山神的领地，他们住在神山之上，山上的植物是他们的花园，野生动物是他们的家畜。人只是这个世界的过客，借山神的地方维持生活，无权破坏山神的家园，无权乱砍树乱杀动物。在流传下来的每个山神的颂辞里，详细记录着山神的名字、家族以及各种约束人们行为的戒律。在三江源地区，藏民的日常生活里至今保持着一种与自然相依的方式。牧民们用转场放牧的方式利用和保护草原。固定的房舍或许是近10~20年间推行“安居工程”的新气象，但到了夏季，草场上还是会绽放出一顶顶牦牛毛编织的帐篷……在高原生物圈的最终构成中，人类活动最晚参与，恰恰是这种万物有灵、敬山河神圣的观念和传统，才使得人类真正长久地融入这片高原。

世世代代生活于此的居民，是三江源国家公园与美国、加拿大等国家公园的重要区别。据统计，国家公园范围内合计有12个乡镇6.4万人居住，其中还包括贫困人口2.4万人。[1] 因此，在国家公园的建设中，如何处理保护工作与自然公园范围内的居民关系成为备受关注的重点。伴随着国家公园的建设，三江源的牧民迎来身份与生活方式的转变，生态管护员制度是其中最显著的例子。除了保护区工作人员以外，还有从三江源区域内各地招收的生态管护员，将负责对住所就近地区的草原、冰川、湖泊等展开系统保护，在日常巡护中对责任区生态状况、违法情况、火情灾情、基础设施建设进度等进行监督和记录，同时帮助上级管理机关清点草场载畜量、开展政策法规宣传等。他们将是三江源生态保护的生力军。

国家公园的设立和发展，也激起很多人前来参访、体验的浓厚兴趣，但这可能给三江源地区的脆弱生态，以及传统生活方式和游牧文化的保存带来严峻的挑战。国家公园的自然体验和生态游憩如何区别于传统意义上的大众旅游？对访客，尤其是那些常年困顿于都市的钢筋水泥森林中的人们，荒野，是一个如此容易激起好奇心和探究热情的目的地。人类来自荒野，即便经历了千万年的进化，却从未在基因上抹掉对荒野的记忆和情怀。不过，国家公园所承载的游憩体验的意义，不会止步于猎奇荒野，而是向千百年来人类与自然共生的智慧，令人守护国家、人民的自然和文化遗产的良苦用心持续追寻。这，也是我们编写此书的意义所在：用环境解说去挖掘、凝练、演绎和传播国家公园旷野绝景背后的意义和价值。

1. 国家发改委. 三江源国家公园总体规划，2018.

数字看三江源国家公园

总面积 12.31 万平方公里

涉及治多、曲麻莱、玛多、杂多四县
和可可西里自然保护区管辖区域

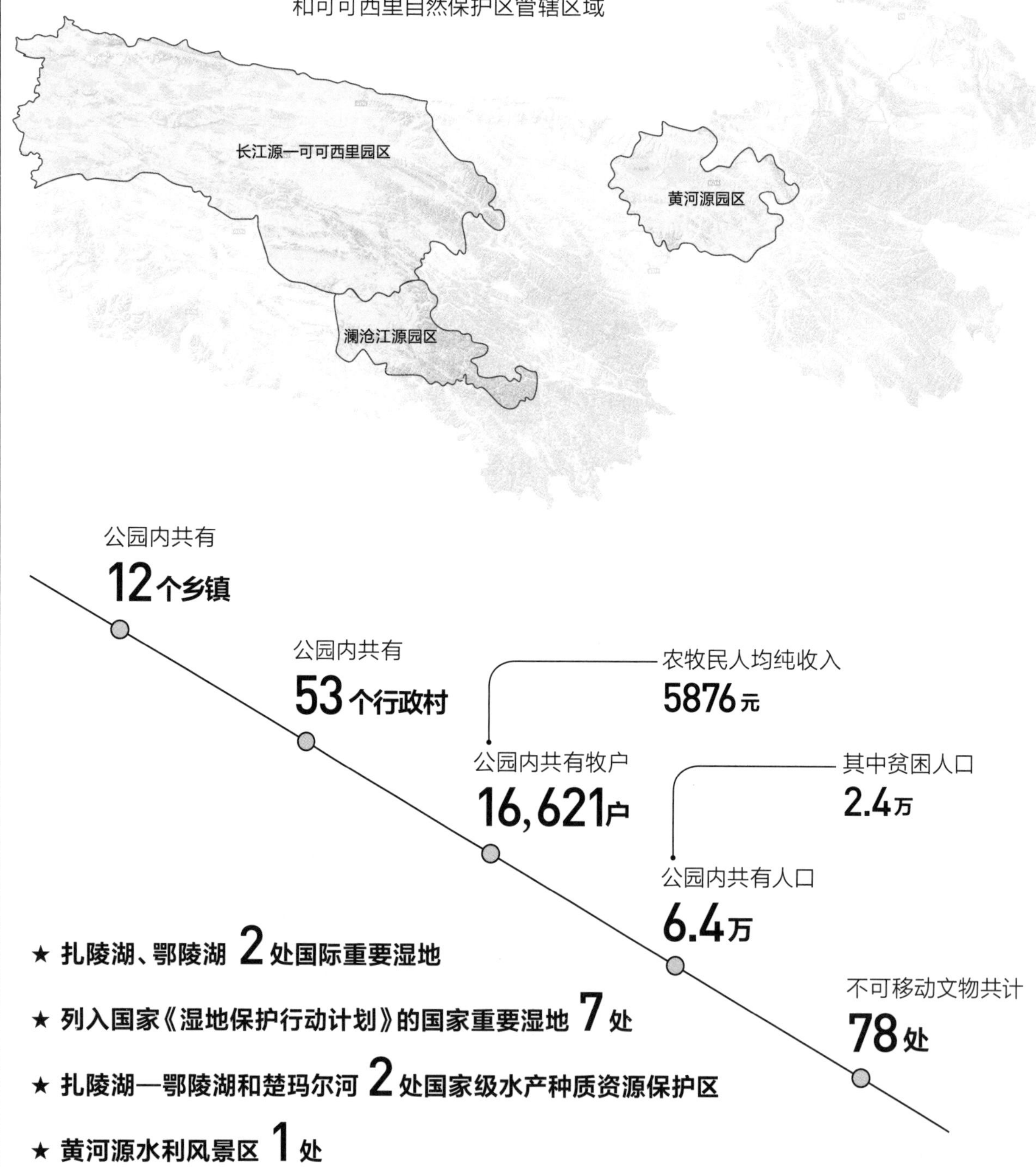

★ 扎陵湖、鄂陵湖 2 处国际重要湿地

★ 列入国家《湿地保护行动计划》的国家重要湿地 7 处

★ 扎陵湖—鄂陵湖和楚玛尔河 2 处国家级水产种质资源保护区

★ 黄河源水利风景区 1 处

★ 青海可可西里世界自然遗产地完整划入了三江源国家公园长江源园区

1.3 解说我们的国家公园

如何感受广袤的空间尺度感所带来的心灵冲击？
如何解读粗犷的西北高原地景引发的视觉震撼？
如何展示独特珍稀资源的不可取代性及其价值？
如何认识在地生灵适应高原环境的敏慧与强韧？
如何挖掘黄河溯源的悠远历史背后的文明深度？
如何演绎严苛环境下人与自然共生的坚毅智慧？
如何用艺术的感染力刻绘保育精神并传递情怀？
……

就是这样反复推敲、挖掘甚至考问，最终我们提炼出本书的五个主题和它们所涵盖的若干具体解说主题和资源。任何一个主题的内涵，可能都无法回应上述所有疑问，但我们希望通过五个主题的铺展陈述，能为各位读者呈现一个真实而又生动，充满了西北高原豪迈精神，却又亟待我们守护的脆弱高原。

环境解说的首要任务之一，是从游客的视角出发，创造解说对象和解说目标（这里指国家公园所保护的珍贵而独特的自然和文化遗产）之间的情感联系。环境解说不仅仅是知识的讲授，它融汇了情感的触发和信息的传递，并且是一种符合解说对象心理诉求、理解能力，有助于激发兴趣和持续关注，进而有效传递信息的沟通方式。

基于上述理解，本书内容正是基于为三江源国家公园黄河源区设计的解说主题框架来构筑并编写完成的。在提炼过程中特别关注解说主题和内容如何建立与普通公众和读者之间的情感联系。即使很多读者可能暂时没有机会立刻前往三江源国家公园亲身体验，我们也可以通过这本书，来试图建立这种在情感、认知、感悟和思辨层面的理解和认同。

全球视角：世界第三极的地景见证

整个青藏高原以5000多米与周围地区巨大的海拔高差，挺立于中国的西北大地，也因而获得“世界屋脊”和“地球第三极”之称。

青藏高原位于亚洲大陆中南部，它的北缘是昆仑山—阿尔金山—祁连山的北翼，以近4000米的落差急降到海拔约1000米的塔里木盆地；南缘则是著名的喜马拉雅山南翼，从海拔仅几十米的印度恒河平原，台阶式上升到平均海拔6000米以上云端高峰。这里耸立着许多巨大的山系和群峰，海拔 6000~7000米，峰顶常年冰雪覆盖。

作为地球上海拔最高同时也最年轻的高原，“世界第三极”的青藏高原在地质历史上的抬升、隆起的过程，塑就了地球表面最高的山脉和高原，以及随之而生的气候和水文。高山与峡谷并存，江河在此孕育。构造运动形成的地形、地貌，及其影响下的独特气候，从青藏高原隆出海平面那一刻就已然启动。380万年后的今天，它仍然持续地形塑、维系着此地独特的生态系统及其气候和水文，更演化、发展成为世界独一无二的水源涵养地和巨型水塔，构成了一系列巨幅的、时空意义上的地理景观。

这本书讲述的三江源国家公园，就坐落在这片广袤的青藏高原上。它所在的青南高原，处于青藏高原五个地块的腹心地带，也是唯一一个同时与青藏高原其他四个地块相邻的地理单元。选择任何一个方向进入三江源国家公园，都可以让我们领略到青藏高原多样化的地形地貌、地质水文、生物资源、悠远历史和民族文化。

高原湿地：中华水塔的天赋资源

素有“高原水塔”美誉的青藏高原，是我国乃至亚洲的水源命脉。来自印度洋的暖湿气流在抵达高原之上后与北方的冷空气相遇，快速凝结成为降雨，并通过一条条峡谷形成的巨大收缩力，将这些暖湿气流汇聚到青藏高原腹地。雨水积聚，从而在如此高海拔的地区孵化出高原上独特的河流、湖泊、湿地这样的生态系统，形成大范围的高原湿地。

这片高原湿地，最大的贡献，正是为中华文明母亲河“黄河源”提供充沛绵延的水源。三江源作为中华水塔，奠定了长江、黄河和澜沧江三条世界级河流的地位。它为黄河流域提供高达49%水量的卓绝贡献，确立了黄河源作为三江源地区最有代表性的大河之源的地位。

这里有充满传奇和神秘色彩的星星海，也有享誉世界的国际重要湿地。湖泊、沼泽、河流在高原上都以一种特殊的样貌呈现，它们与四周环绕的高山冰川，以及深藏地下的冻土层之间的微妙关系，更是高海拔地区所特有的。

生机高原：严苛高原的自然生灵

在对于人类来说生存条件严苛的三江源地区，生灵如何生存和繁衍？这是我们解读黄河源区的又一重要命题：平均海拔4000米以上的黄河源区，含氧量极低的稀薄空气、强烈的紫外辐射、狂暴的强风暴雪等极端气候、极大的昼夜温差等严苛的环境条件，非常人能够想象。绝大多数人，甚至连青海其他地区的百姓也很难避免在此地遭遇、承受强烈的高原反应。

然后，只有你真正深入黄河源区，你才会发现，相比脆弱的人类，对于在这里繁衍生息千万年的野生动植物来说，这一切却是生存和生活的常态。这里的植物大多数植株低矮、根系发达、花期短暂但花朵艳丽，这些是它们发展出的能够耐低温、耐强风、耐干旱的形态和功能。高原动物除了忍受严寒、强风，还需要面临高海拔的缺氧环境。它们在空旷的高原上竭力躲避天敌，大多具有强大的心肺系统、巧妙的隐蔽色、强大的运动能力。面对恶劣自然环境的考验和挑战，不同的动植物均演化出了各自的适应性特征和生存策略，活得怡然自在。

快速隆起的高原，不仅创造了高原生物的适应机制，更成为当代全球研究高原生物多样性的重要现场。青藏高原的相关化石研究表明，上溯至两百多万年前的地质时代第四纪开始——那时的青藏高原大致处于千米高度——高原上大面积分布着喜湿热的森林与草原生境；随着高原的隆升和冰期的降临，气候寒旱化导致高原植物区系的贫瘠化，热带、亚热带成分相继退向南部低地，高原上的生物在很短的地质时间中或适应，或遭淘汰，物竞天择，最终成了这一地球生物基因宝库的一部分。今天，气候变化和人为干扰等因素也使它们的生存再度面临巨大的挑战。

自然共生：虔诚守护的生生不息

辽阔的草原为高原的民族提供了赖以生存的基础，考古发现早在新石器时代，黄河源所在的玛多县所在区域就已有人类活动和古文明记录。在中国古代历史上，这里曾是西北兵家必争的战略要地。著名的格萨尔王赛马场、封王地、出征地……都在黄河源区范围内。黄河源区见证了青海地区藏族文化的璀璨发展。

世世代代生活在此的牧民，也在与高原气候、环境博弈的过程中发展并总结出一套人与自然和谐共生之道：既维系畜牧业稳定发展，满足人类生存需要，又能确保草原生态环境持续健康发展。无论是便于移动又防风保暖的帐房，舒适方便又个性十足的藏袍，取自天然的糌粑和牛羊肉，还是巧用牛粪作为燃料，千万年来，牧民们在高原环境下智慧的凝练，对我们如何认识和思考国家公园未来的发展之路深具启发意义。

随着时代的发展和技术的进步，现代文明或多或少地改变着原生态的土地和栖息其间的人民。国家公园的建立，为新时代的传承和守护谱写了新的基调。从帐房到砖房，从游牧到定居，从草原牧民到国家公园巡护员，从敬畏自然到守护自然……随着时代的洪流，他们不断切换着自己角色和生活方式，唯一不变的是对这片土地赤诚的热爱与守护。

中国示范：国家公园的引领创新

今天的三江源国家公园，是中国第一个由中央批准的国家公园体制建设试点。与我们现有的其他“公园”有诸多不同。这不仅是因为它的幅域总面积在世界上名列前茅，同时肩负着世界第三极“高寒生物种质资源库”、海拔最高的巨型国家公园之责。与国内外的其他国家公园不同，它开启了一种崭新的自然保护模式。

第一个国家公园体制建设试点的身份，赋予了三江源独特的使命。国家公园着力解决“九龙治水”和自然资源执法监管“碎片化”问题，在不调整行政区划的前提下，整合优化、统一规范，组建管理机构，建立管理主体，实现集中统一高效的保护管理和执法，从根本上解决政出多门、职能交叉、职责分割的管理体制弊端，为实现国家公园范围内自然资源资产、国土空间用途管制“两个统一行使”和三江源国家公园重要资源资产为国家所有、全民共享、世代传承奠定了体制基础。

因此，我们把视角从三江源转向国家公园这一建设模式，围绕三江源的保护与建设的各项努力，最终将以“国家公园”的方式实践、落实，一如在其总体规划中提出的目标所言：“将三江源国家公园建成青藏高原生态保护修复示范区，共建共享、人与自然和谐共生的先行区，青藏高原大自然保护展示和生态文化传承区，向全世界展示面积最大、海拔最高、自然风貌大美、生态功能稳定、民族文化独特、人与自然和谐的国家公园。”

三江源国家公园黄河源区夏季景色 ©朵华本

考察团队进入黄河源区 ©广汽传祺

02

世界第三极的地景见证

雄峻伟岸的青藏高原在我国西部，它南起著名的喜马拉雅山南翼，北至昆仑山—阿尔金山—祁连山的北翼，纵贯15个纬度；东西向上，青藏高原西起帕米尔高原，东至横断山脉，横跨32个经度。它挺立于中国的西部，与周围地区形成5000多米的巨大海拔高差。在整个地球上，14座8000米级的山峰（群）[1]，绝大多数7000米级的山峰，以及数不尽的5000~6000米级的山峰，全部雄踞于这座高原之上，因而青藏高原被称为“世界屋脊”和“地球第三极”。

1. 数据参考：https://zhuanlan.zhihu.com/p/50815187.

雪域风景 ©王成财

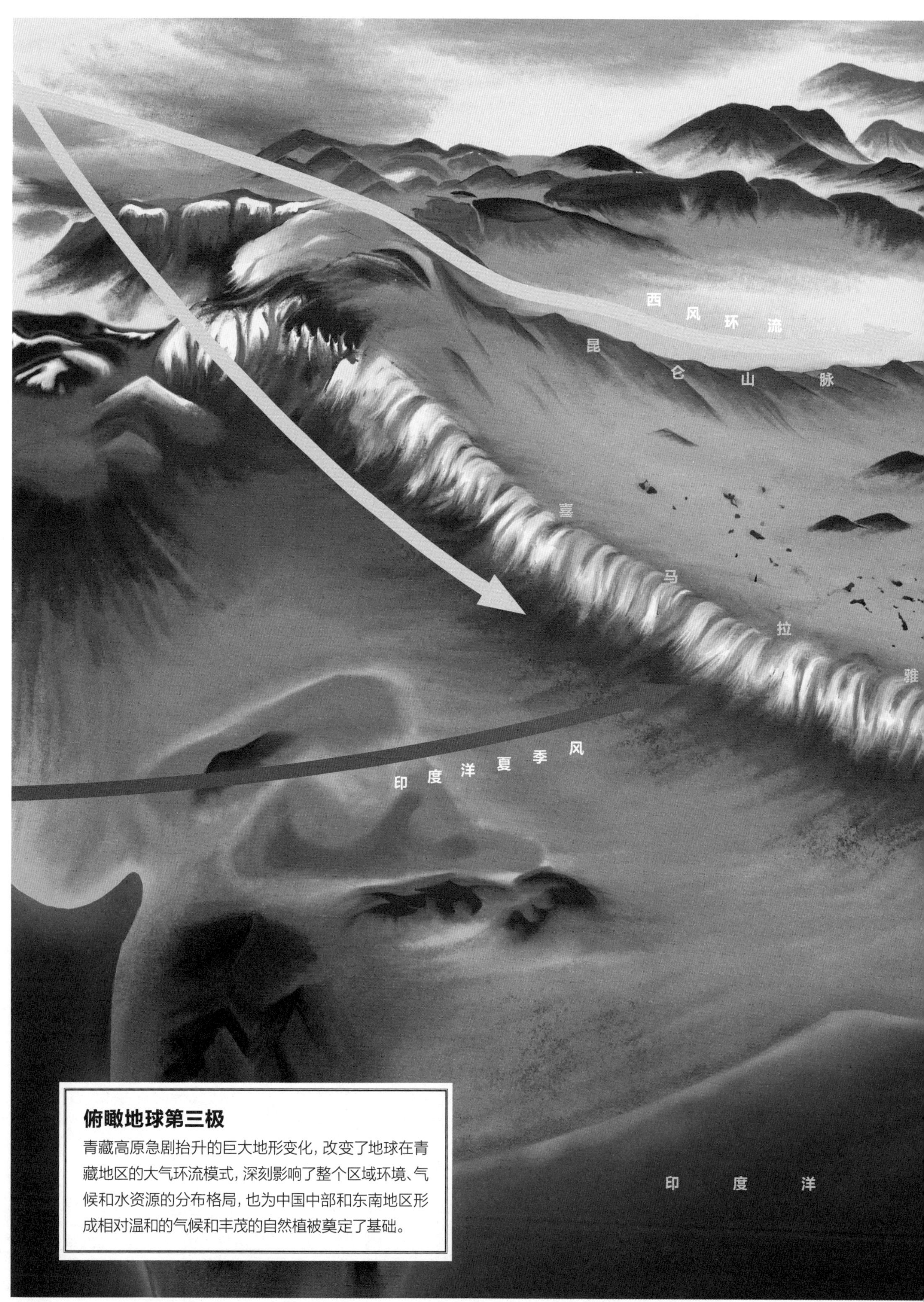

俯瞰地球第三极

青藏高原急剧抬升的巨大地形变化，改变了地球在青藏地区的大气环流模式，深刻影响了整个区域环境、气候和水资源的分布格局，也为中国中部和东南地区形成相对温和的气候和丰茂的自然植被奠定了基础。

尔金山
连山脉
长江源园区
扎陵湖
鄂陵湖
青海湖
黄河源园区
澜沧江源园区
巴颜喀拉山脉
唐古拉山脉
山
脉
横断山脉

2.1 高原崛起

黄河源区所在的青藏高原是如何形成的？为什么将其称作“地球上最年轻”的高原？它见证了地球怎样的地质演化进程？又对地球的生态环境产生了哪些影响？

年轻的高原

青藏高原总面积为258.37万平方公里，约占我国陆地总面积的26.9%。如果将这片世界屋脊的演化历程放到地质年代（描述地球历史事件的时间单位）中，它却年轻得像一个初生婴儿。在二叠纪乃至更为久远的地质年代，青藏高原还是一片波涛汹涌的古海洋，名为“特提斯海”；从2.4亿年前的早三叠纪开始，印度板块向北挤压欧亚板块，形成了强烈的褶皱断裂和抬升，促使昆仑山和可可西里地区先隆升为陆地；随着印度板块不断向北推进，并向亚洲板块下方插入，青藏高原地区继续抬升，直到距今约4000万年前，全部浮出海面成为陆地。这时的青藏高原海拔并不高，从挖掘出的恐龙和三趾马化石进行考古推测，当时这里河流纵横、气候湿润、丛林茂盛，与世界上的其他地区没有太大差别。

此后，在板块运动的作用下，青藏高原又经历了几个不同的上升阶段。这一过程既非匀速，也不是一次性的猛增。高原在抬升和侵蚀的双重作用下反复消长，使高原地貌得以演进。 一般认为，最近的300万年，是青藏高原最为剧烈的一次抬升，从平均海拔1000米上升至4700米，成为当之无愧的“世界屋脊”。这高原是如此年轻——从结束海侵的4000万年历史开始计算，它只占地球46亿年历史的1/115。就好像“它一直沉睡在茫茫无际的海洋之中，在一年的最后几天，才突然苏醒过来，至除夕的最后几小时，猛然崛起成为地球之巅”。

这种快速剧烈的隆起抬升，在青藏高原的边缘形成了强烈切割的高山和峡谷地形。直到今天，广阔的高原上还分布着不同抬升时期保留下的高原古夷平面。其中，最高的是残存在诸如昆仑山、唐古拉山的山顶面，海拔可达到5500米至6000米；最低的是4500米以下的宽谷与盆地面；而分布最广泛的，则是海拔4500米至5000米的丘状高原主夷平面，它代表了在高原抬升以前，中新世末基本形成的剥蚀平原。高原上不同的地貌景观，记录了世界屋脊从诞生到演化的宏伟历程。

在青藏高原上，三江源地区是主夷平面保存最好的区域之一。在三江源国家公园的黄河源区，这一主夷平面保存得尤为完整。放眼望去，宽阔的河谷、辽阔起伏的山峦、古老的陆相沉积盆地，都大体保持在一个水平面上。作为高原夷平面的最好标本，它也为研究青藏高原的整体大幅度抬升提供了有力的证据。

令人惊叹的是，青藏高原的抬升作用，至今仍在持续。2001年，昆仑山西口发生令世界震惊的8.1级地震，留下长达426公里的地表破裂带。其北盘在向西运动，南盘向东运动，最大的水平错位竟达到6米。科学家从中发现，青藏高原，这座年轻的高原现今的地质构造运动仍然十分强烈，不容忽视。

高原夷平面

在地壳相对稳定、气候较暖、海平面较高的条件下，侵蚀、剥蚀等物理作用较弱，风化、残积等化学作用较强而形成的波状起伏的地表面，是一种与长时间稳定的海侵环境相对应的大尺度地貌景观，是研究青藏高原隆起进程的重要内容。

7厘米/年

不同时期青藏高原的抬升速度是不同的。距今一万年前，高原抬升速度达到平均每年7厘米的史上最高速度。[1]

1. 中国科学院青藏高原研究所. http://www.itpcas.cas.cn/kxcb/.

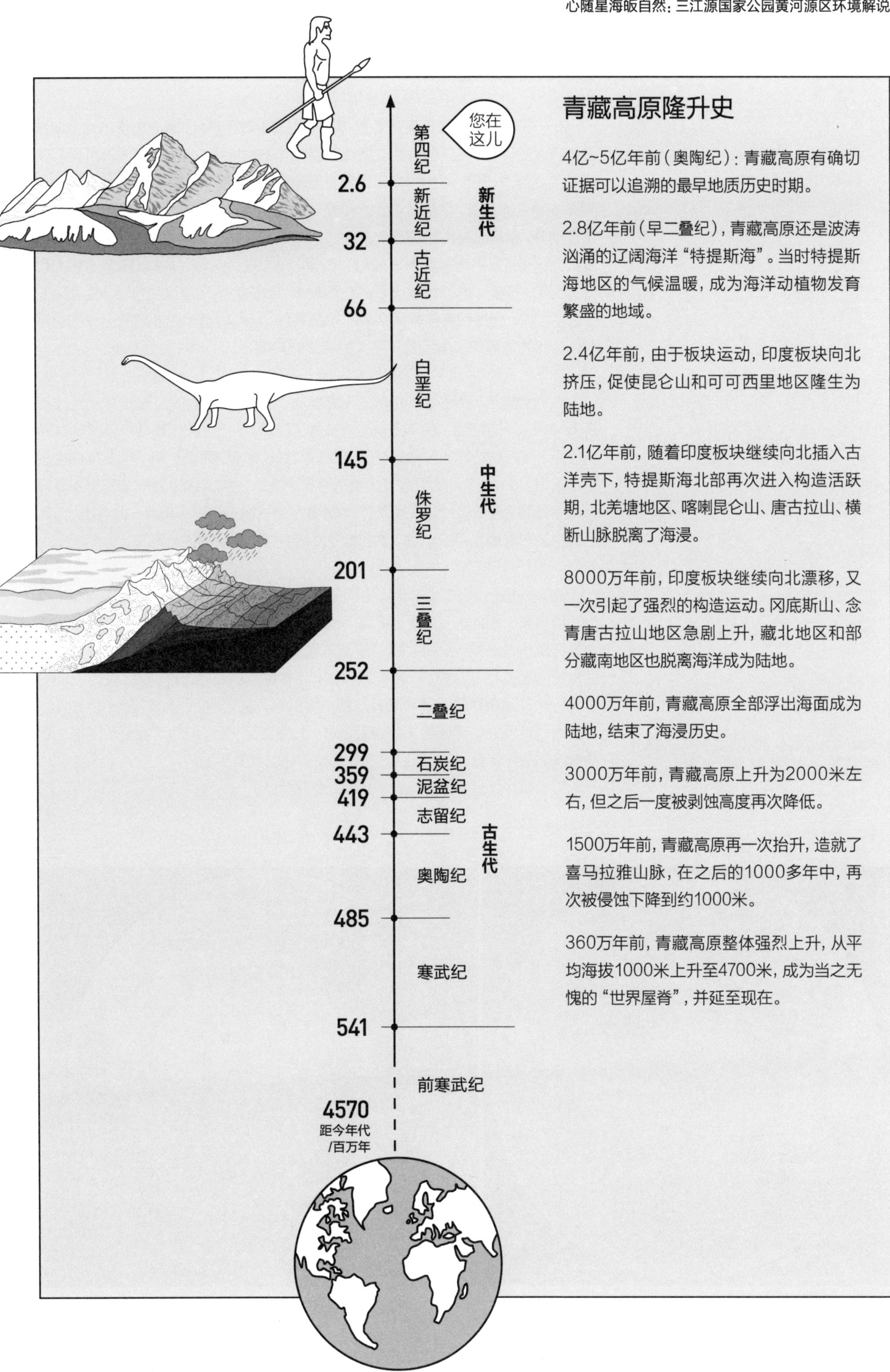

青藏高原隆升史

4亿~5亿年前（奥陶纪）：青藏高原有确切证据可以追溯的最早地质历史时期。

2.8亿年前（早二叠纪），青藏高原还是波涛汹涌的辽阔海洋“特提斯海”。当时特提斯海地区的气候温暖，成为海洋动植物发育繁盛的地域。

2.4亿年前，由于板块运动，印度板块向北挤压，促使昆仑山和可可西里地区隆生为陆地。

2.1亿年前，随着印度板块继续向北插入古洋壳下，特提斯海北部再次进入构造活跃期，北羌塘地区、喀喇昆仑山、唐古拉山、横断山脉脱离了海浸。

8000万年前，印度板块继续向北漂移，又一次引起了强烈的构造运动。冈底斯山、念青唐古拉山地区急剧上升，藏北地区和部分藏南地区也脱离海洋成为陆地。

4000万年前，青藏高原全部浮出海面成为陆地，结束了海浸历史。

3000万年前，青藏高原上升为2000米左右，但之后一度被剥蚀高度再次降低。

1500万年前，青藏高原再一次抬升，造就了喜马拉雅山脉，在之后的1000多年中，再次被侵蚀下降到约1000米。

360万年前，青藏高原整体强烈上升，从平均海拔1000米上升至4700米，成为当之无愧的“世界屋脊”，并延至现在。

行星风系

指在不考虑地形和海陆影响下全球范围盛行风带的总称。

全球季风的发动机

人们印象中的青藏地区或许是恒久不变的雪域高原，你很难想象这片土地曾经历巨大的变化，而且就发生在最近几百万年的时间内。当青藏高原尚未隆起到今天的高度时，印度洋的暖流可以深入到现今中亚的广大区域。塔里木、准噶尔等许多现今的荒漠，在当时还是水网交错、湖泽浩淼的景象。而随着青藏高原的不断抬升，当其以高出对流层1/3~1/2的高度（对流层的边界高度会随季节及纬度而有所变化，平均高度大概离地11公里）兀立在西风带上，并以独有的热力和动力作用，打破了地球行星风系的临界尺度，迫使大气环流改变行径，随之建立了包括东南、西南和高原季风在内的季风系统，从而对整个亚洲乃至全球的自然气候带和生态系统类型产生了巨大的持续性影响。

在亚洲地区，青藏高原的存在大大推动了亚洲季风的北进。在地球南北半球20°~30°的纬度带上，由于受副热带高气压控制，盛行下沉气流。这让北非、阿拉伯半岛、澳大利亚等地区形成了干旱少雨的气候类型，而处于相同纬度带的中国东部区域，降水充沛，成为适宜人类居住的“鱼米之乡”。这主要归功于全球季风系统中最强大的一支“亚洲季风”，尤其是东亚季风——它从南海一路突进，可到达我国的东北地区，其向北扩张幅度之大、能力之强，全球独一无二。

高原的隆起，深刻地影响了中国的地理格局。本应如北非撒哈拉和阿拉伯半岛沙漠气候一般的长江中下游和华南地区，幸运地变成了暖湿的鱼米之乡。大西北则因此日益干旱。亚洲大陆东部季风气候区、内陆干旱气候区、高原高寒气候区形成明显的地理分野。同时被改变的，还有黄土高原的出现、长江黄河流向的变化——伴随着青藏高原的隆升过程，中国逐渐演变成今天的模样。不但如此，它对大气环流的影响还进一步波及西欧、北非甚至北极，进而可能驱动全球冰量与气候的明显转变，成为第四纪以来全球变化的重要根源。[1]

1. 范晓. 不同寻常的中国极地公园. 中国国家地理, 2016, 三江源国家公园增刊: 19.

不考虑地形因素，“行星风系”的自然流动方式

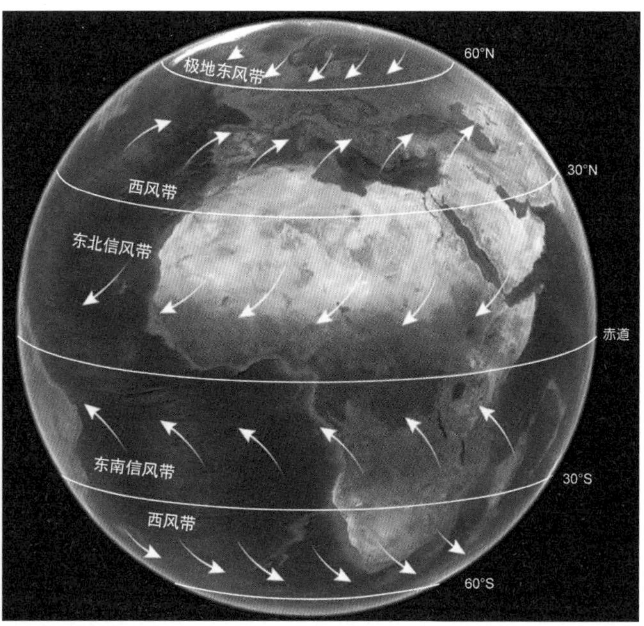

观察北纬30°附近你会发现，除了中国的南部湿润外，大多出现了大面积的干旱地带

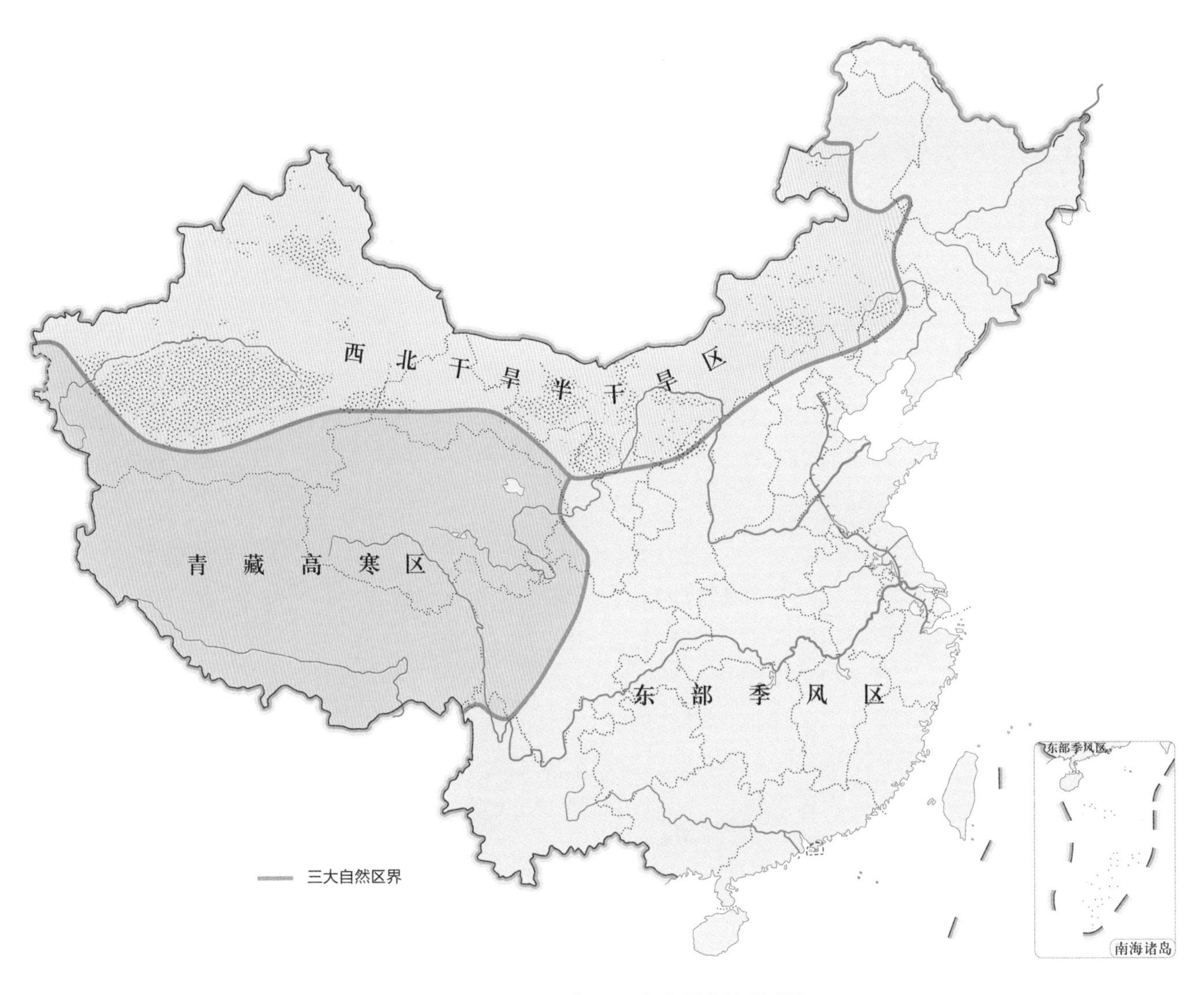

中国三大自然区区划图

上图：中国的三大气候自然区区划图；下图：从左向右，分别是青藏高寒区、西北干旱半干旱区和东部季风区（图片来源：维基百科）

2.2 河源于此

作为江河发源之地的三江源，及其所属的整个青藏高原，具有什么样的地理地貌景观？孕育了中华文明的母亲河黄河的源头，是否真的来自天际？这样的源头又如何支撑了黄河近万里的川流不息？

鸟瞰黄河源

作为世界上海拔最高的高原，青藏高原从北向南囊括了祁连—柴达木、昆仑、巴颜喀拉、羌塘—昌都、冈底斯和喜马拉雅等六个构造带。它的周围，更是隆起许多西北—东南走向的高大山脉，比如巴颜喀拉、阿尼玛卿、唐古拉、喜马拉雅等。这些山系将三江源分割成了不同的地理单元。不同单元具有不同的地貌、气候甚至文化类型，由此塑造出三江源地区独有的气质。

整个三江源国家公园位于青藏高原的核心腹地，总体上呈西北高、东南低的地势，这里地形复杂、地势高耸、山脉绵亘。公园范围内，昆仑山及其支脉阿尼玛卿山、巴颜喀拉山和唐古拉山脉构成了区内地形骨架。其中，巴颜喀拉山是长江、黄河的分水岭。

如果从空中俯瞰黄河源，这块位于巴颜喀拉褶皱带上的土地最典型的地貌是连续的宽谷和河湖盆地。大部分地区海拔在4200~4800米之间，地形起伏不大，高度差在500~1000米。地形西北高、东南低，相对平坦，山间有平坦地、沙

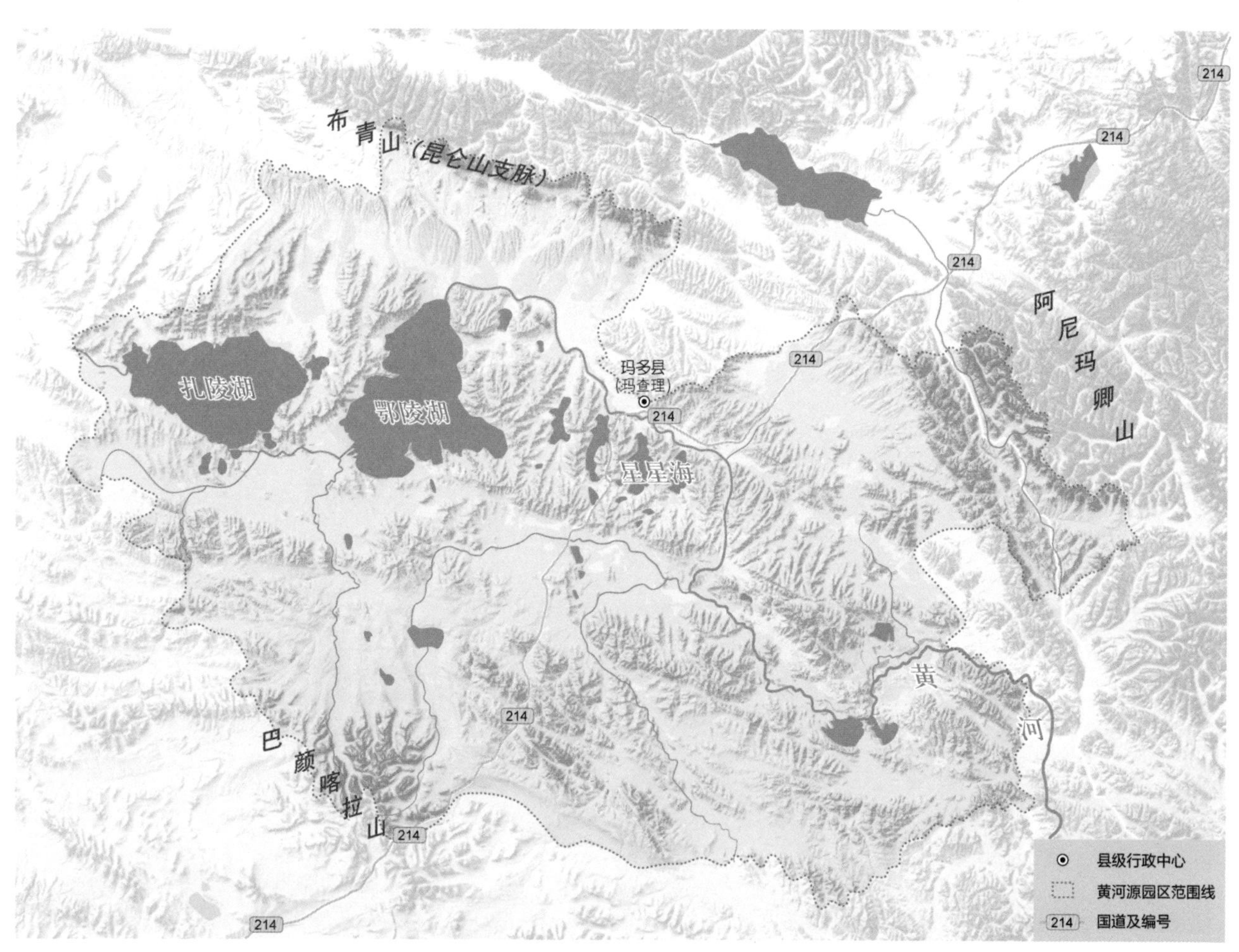

三江源国家公园黄河源园区主要山系与湖泊分布

漠、沼泽，黄河贯穿其中。相比长江源区和澜沧江源区的群山高耸、峡谷深切，以冰川地貌、冰缘地貌、高山地貌、高平原丘陵地貌为主的景象，黄河源区则以群山环绕的相对平坦地势为主要景观，以弱侵蚀的高原低山丘陵和湖盆河谷为代表性地貌。

高原湿地的形成，得益于青藏高原群峰环绕的整体地形地貌。理解黄河源的生态功能，同样离不开理解这些雄峻山川。黄河源北临昆仑山系中列支脉的布青山，南侧的巴颜喀拉山是黄河与长江的分水岭，东面的阿尼玛卿山是藏族人心目中排名第四的神山。昆仑山脉、巴颜喀拉山、阿尼玛卿山、布青山，这些山体的存在，既是塑造黄河源区独特谷地地貌的基础，更在历史演进中成为黄河源区众多聚落的信仰之地。

高原雄峰

昆仑山：昆仑山是我国山系格局的重要组成部分，东西绵亘2500公里，以东经81度为分界线又分为东、西昆仑山。东昆仑是柴达木盆地与青南高原的分界线，从北到南又分为三组东西向的山脉，其中，北列为祁曼塔格山—布尔汗布达山—鄂拉山，中列为阿尔格山—博卡雷克塔格山—布青山—阿尼玛卿山，南列为可可西里山—巴颜喀拉山。这些山脉组成了青南高原北部的骨架，也是长江、黄河和澜沧江的源头和分水岭。

阿尼玛卿山：由13座山峰组成，平均海拔5900米以上。原由古生代海西褶皱带形成，后经喜马拉雅造山运动抬升为今日雄伟的山脉。山体由二叠纪、三叠纪砂岩夹石灰岩与花岗岩侵入体组成。在藏语中，“阿尼”的意思为先祖老翁，并含有美丽心房、幸福或博大之意。“玛卿”的意思是黄河源头最大的山，也有雄伟壮观之意。阿尼玛卿山在藏族人民信仰的二十一座神山中，排行第四，藏族人民称之为“博卡瓦间贡”，意为“黄河流经的大雪山爷爷”，即开天辟地九大造化神之一。

巴颜喀拉山：海拔5000米，最高峰年保玉则,又称果洛山，海拔5369米，终年积雪覆盖。蒙古语的意思是“富饶青色的山”，藏语叫“职权玛尼木占木松”，即祖山的意思。位于青海中南部，为昆仑山脉南支，西接可可西里山，东连岷山和邛峡山，是长江与黄河源流域的分水岭。

布青山：属于昆仑山系的中列支脉。蒙古语意为“狩猎山”。西起冬格措纳湖北岸，东至花石峡。沿东西走向绵延220公里，南北纵横宽50到60公里。平均海拔5000米，最高峰海拔5400米，主峰海拔5041米，有小片冰川分布。为柴达木盆地内陆水系与黄河外流水系的界山。

昆仑山玉珠峰 ©冶青林

巴颜喀拉山是长江与黄河源流域的分水岭 ©冶青林

阿尼玛卿雪山全景图 ©冶青林

布青山属于昆仑山系的中列支脉，为柴达木盆地内陆水系与黄河外流水系的界山 ©王成财

2.3 冷润高原

作为世界第三极，三江源地区的地形地貌特征形成了自身独特的高原气候特征。它的主要特点包括哪些？又是如何影响高原的生态系统的？

独特的高原气候

受地理位置、地形地貌等因素影响，加之高原边缘、干热峡谷等中小地形特征影响，青藏高原形成了一个独特的气候区域，总体属高原高寒型，具体分为黄河隆务河上游山地温润区、班玛和久治山地湿润区、玉树山地温润区和江河源山源冷湿区。黄河源区属于江河源山源冷湿区，也是面积最大的一块气候分区类型。

高寒是黄河源区最为显著的特点。整体来看，黄河源区年平均气温-3.8℃，除5~9月份，各月平均气温在-3.0℃以下，最冷的1月份为-16.8℃，1978年极端日最低温-48.1℃，是青海省极端日气温最低的地方。[1]

相对于青海其他地区，黄河源区的降水日数相对较多，但强度不大，年降水量300~500mm，年蒸发量1100~1300mm，湿润系数1.5~2.2，气候冷润。

温度也成为黄河源区季节划分的依据。这里一年中无四季之分，只有冷暖之别。通常又把冷暖两季分别称为冬季和夏季。冬季漫长而严寒，干燥多大风，夏季短促而温凉，多雨，多年平均降水量300~500mm。

即便在暖季，虽然白天日照强，地面升温快，但随着夜间的大量散热，温度会急剧下降，因而气温日差较大，平均温差大约在14.0℃。

黄河源区气候属高寒草原气候。这里的植物生长季节很短，即使在夏季，植物也需要承受变化无常的天气和并不罕见的极端低温气候。因此植被以耐寒抗旱、多年丛生的禾草为主，草丛稀疏低矮，层次结构简单。[2]

1. 李迪强，李建文主编. 三江源生物多样性——三江源自然保护区科学考察报告. 中国科学技术出版社，2002.
2. 气象数据来源：玛多县地方志编纂委员会编.玛多县志1996—2010.青海民族出版社，2011.

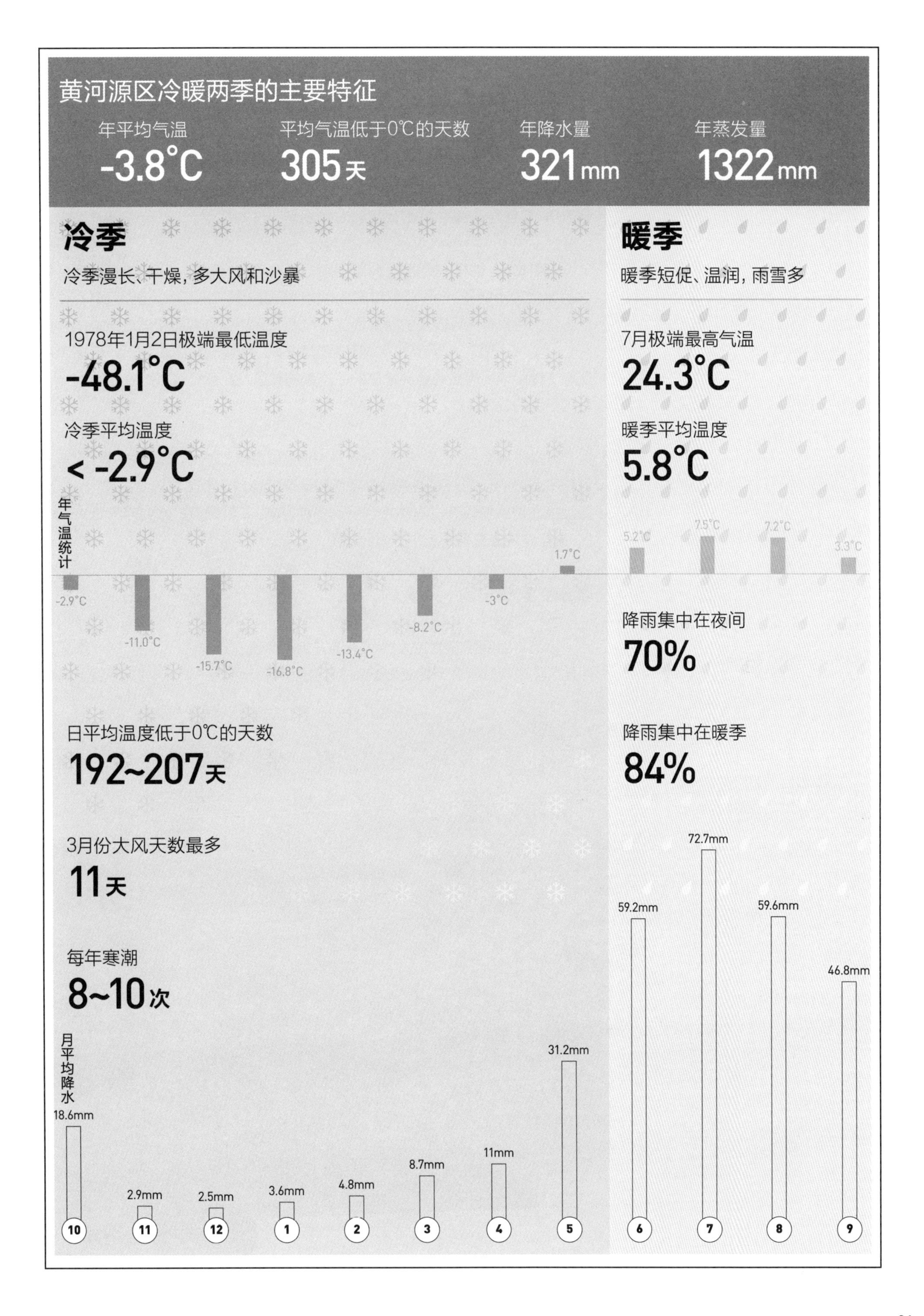
黄河源区冷暖两季的主要特征
年平均气温
-3.8°C
平均气温低于0℃的天数
305天
年降水量
321mm
年蒸发量
1322mm
冷季
冷季漫长、干燥，多大风和沙暴
1978年1月2日极端最低温度
-48.1°C
冷季平均温度
< -2.9°C
年气温统计
-2.9°C
-11.0°C
-15.7°C
-16.8°C
-13.4°C
-8.2°C
-3°C
1.7°C
日平均温度低于0℃的天数
192~207天
3月份大风天数最多
11天
每年寒潮
8~10次
月平均降水
18.6mm
2.9mm
2.5mm
3.6mm
4.8mm
8.7mm
11mm
31.2mm
10
11
12
1
2
3
4
5
暖季
暖季短促、温润，雨雪多
7月极端最高气温
24.3°C
暖季平均温度
5.8°C
5.2°C
7.5°C
7.2°C
3.3°C
降雨集中在夜间
70%
降雨集中在暖季
84%
59.2mm
72.7mm
59.6mm
46.8mm
6
7
8
9

2.4 三江之源

三江源地区的重要意义

三江源地区位于青藏高原腹地，平均海拔4000米以上，总面积39.5万平方公里，是中国乃至亚洲的重要水源涵养地。它孕育了长江、黄河和澜沧江等众多江河。每年向中下游供水600多亿立方米。其中黄河264亿立方米，长江179亿立方米，澜沧江126亿立方米，维系着全国乃至亚洲水生态安全命脉，养育了超过7亿人口，是当之无愧的中国乃至亚洲的“水塔”。

不仅如此，这样一个拥有冰川、河流、湖泊、湿地等多样环境的地区，其特殊的地理位置、独特的气候特征和丰富的物种基因，使得三江源在全国乃至全球生态系统中也具有无可取代的战略地位。从水资源供给，到减缓和适应全球气候变化，从维护区域安全，到支撑区域乃至国家的可持续发展目标的实现，三江源地区为支撑中华民族甚至亚洲地区的生态系统健康及社会经济可持续发展发挥着不可替代的战略贡献。

科学研究发现，直到今天，青藏高原仍然以每年3.2~12.7毫米的速度上升。[1]这种不间断的运动对高原的自身环境和全球环境演化产生着持续的作用。三江源地区在这样的隆升过程中将会受到何种影响，又将如何扩展到范围更广的地区，是全球生态环境研究中的重要课题。

中华文明母亲河——黄河

如果将时间回溯到古人类从人猿开始学习直立行走的250万年前，青藏高原地区还未隆升至今天的高度。当时这里的年平均气温在10℃左右，气候温润潮

1. 莫申国，张百平等. 青藏高原的主要环境效应. 地理科学进展，2004, 23(2): 88~96.

国际空间站拍摄的青藏高原俯瞰图（图片来源：维基百科）

湿，少见冰雪，适宜生存。古人类学家曾做出大胆的猜测：青藏高原地区很可能是远古人类起源和进化的摇篮之一。

这虽然仅仅是个猜想，但近年来在青藏高原地区的考古发现也一步步证实着这块土地上人类足迹出现的历史相当久远。学者们曾先后在青海贵南县境内的黄河上游沿岸发现属于山顶洞文化、丁村文化和马家窑文化的遗址。[1] 生活在黄河上游的先民们很早就已经在这里稳定地繁衍生息，他们利用石斧、石刀耕种收割，用泥条盘筑法制作彩陶，烧制出各种打磨光滑、精良的彩陶器，后来逐步学习建造土夯房屋，并修筑围墙来圈养牲畜，虽然气候和环境日益变化，生存的挑战愈加严峻，但并没有阻止人类在这里繁衍生息，延续并发展了黄河源区特有的地方文化及生活方式。

而从源头流出的黄河，从青藏高原上的涓涓细流开始，一路不断汇集壮大。它以“几”字形的河道自西向东贯穿中华大地的北方疆域，沿途流经青海、四川、甘肃、宁夏、内蒙古、山西、陕西、河南、山东九大省区，最终在山东省垦利县注入渤海；从源头到入海，干流全长5464公里，落差高达4480米，在串联起中国地势三大阶梯空间的同时，以740亿立方米的水量滋养着沿岸超过2.2亿的人民；[2] 沿着黄河流域，分布着大量以彩陶文化（仰韶文化）和黑陶文化（龙山文化）为主的古文化遗址，记录了中华文明的起源与发展演变历程。黄河将它流经的各个自然与人文区域统合成一个密不可分的有机整体，无愧于中华民族母亲河的称号。

1. 盖培，王国道等. 黄河上游拉乙亥中石器时代遗址发掘报告. 人类学学报，1983，2(1): 49~59.
2. 刘芬. 黄河流域人口空间分异研究. 河南大学，2008.

03

中华水塔的天赋资源

三江源地区河流纵横绵延、湖泊与沼泽等各类型湿地密布，是世界上海拔最高、面积最大的高原湿地群，其形成和维系得益于青藏高原所处的独特地理区位和独具的地形地貌。隆升数千米的青藏高原阻隔了来自印度洋的温暖湿润气流进一步北扩，这些气流裹挟着丰富的水分，沿着高原上的一条条峡谷一路攀升，直到与来自北方的冷空气相遇，然后以降雨或降雪等形式落下，进入三江源地区的冰川、湿地、河流中，并最终随着岁月和季节更替，汇入三条大河，深入中华大地和亚洲腹地。这种因为高原独特地形地貌而塑就的水分传输与循环过程，历经千万年源源不断运转至今，奠定了黄河、长江和澜沧江三条世界级河流的基础，也最终成就了高原水塔对于中国乃至亚洲不可取代的生态功能。

源区风景 ©李友崇

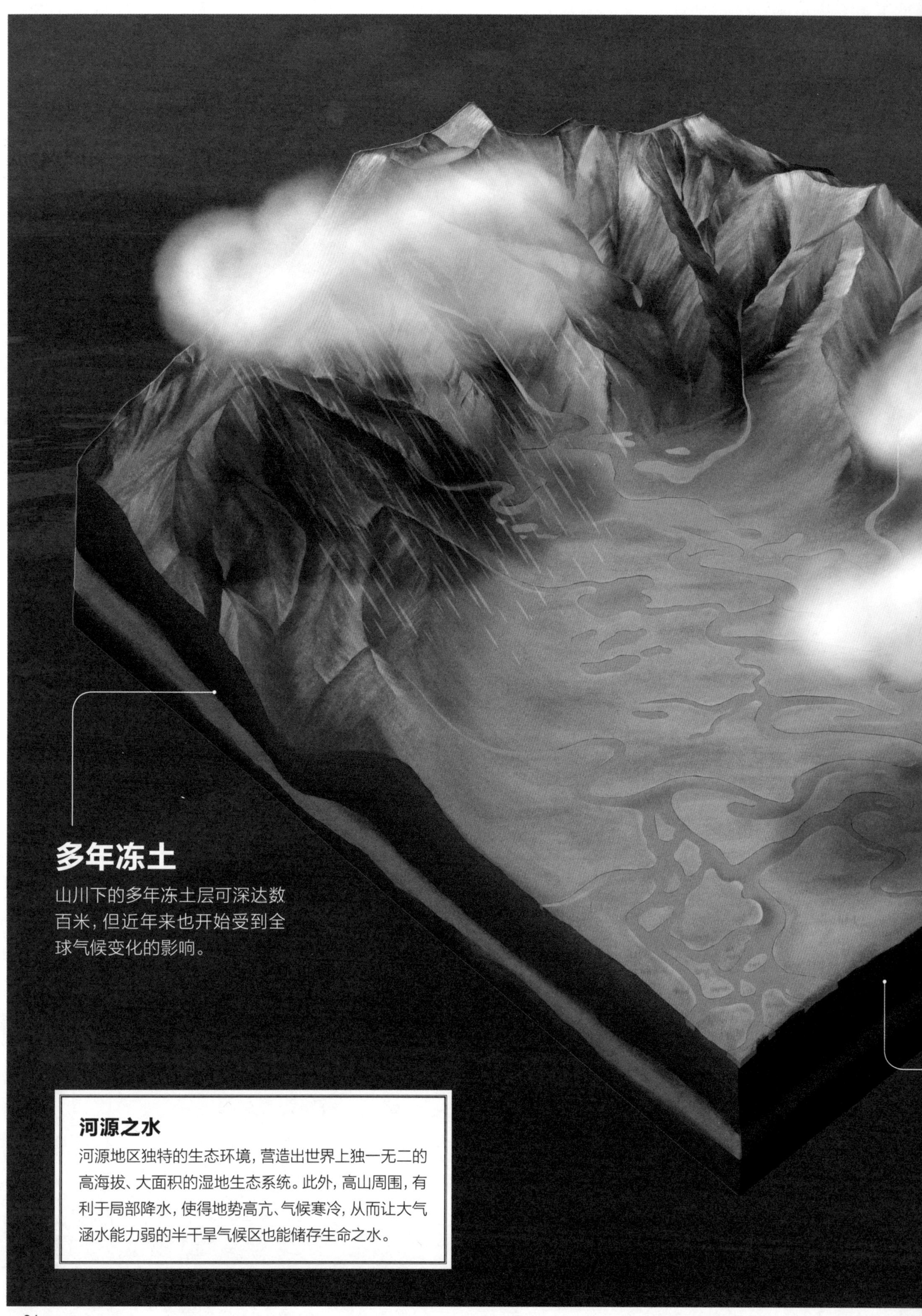

多年冻土
山川下的多年冻土层可深达数百米，但近年来也开始受到全球气候变化的影响。

河源之水

河源地区独特的生态环境，营造出世界上独一无二的高海拔、大面积的湿地生态系统。此外，高山周围，有利于局部降水，使得地势高亢、气候寒冷，从而让大气涵水能力弱的半干旱气候区也能储存生命之水。

云

青藏高原独特的地形地貌使得大量湿润空气在此聚集并形成夏季的丰沛降雨。

降水

黄河源区谷地四周的高山，有利于形成局部降水。

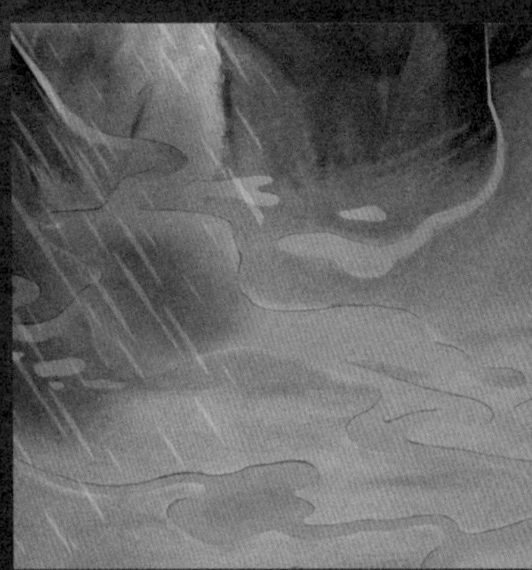

湖泊

降水随着谷底的地形汇集成湖泊，起到黄河源区水资源的调节作用。

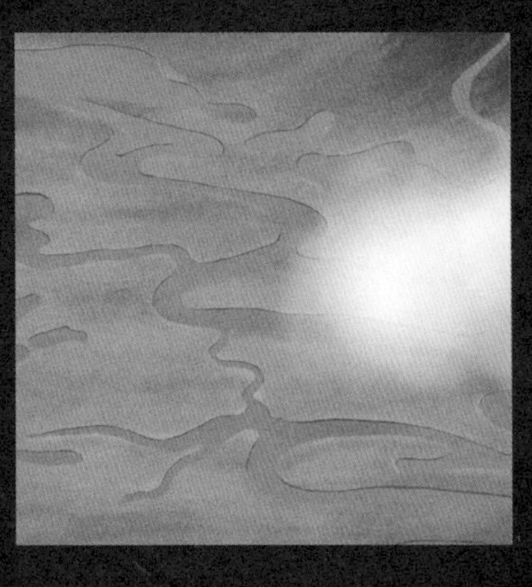

河流

黄河最早形成之时的形态，这里辫状河道与曲流河道交替出现。

季节性冻土

季节性冻土层的冻融循环，是维持高原湿地的重要支撑系统。

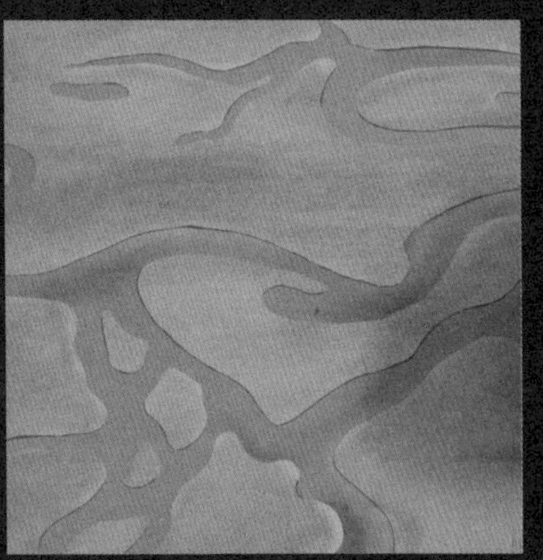

草甸沼泽

盆地形地貌的汇水作用以及河谷平原缓滞的水流为沼泽湿地的发育提供了条件。

3.1 黄河溯源

我们的祖先从什么时候开始了对河源的探索？探索的成果有哪些？河源地区究竟是什么样的景象？河源的追溯者们如何在复杂的河源水系中认定河源的所在？

星星沉睡之地

三江源，曼延千里的生命之水，让黄河流域成为中华文明的发祥地。古语云："得中原者得天下。"这里的中原，指的就是社会发展、人丁繁衍、经济勃兴、文化繁荣的黄河中下游流域。此重要地位，让探源黄河成为不少帝王自赋的使命。

历史上的黄河定源，过程曲折。史料显示，早在2500年前古人已开始探索黄河源。《尚书·禹贡》记述有"导河积石"，认为黄河出积石山，即今天青海省循化的撒拉族自治县。成书不早于战国时期的《尔雅》录有"河出昆仑虚，色白"。此处的河即指黄河。

西晋时期，张华在《博物志》中写道："河出星宿海。"此后，带有神秘色彩的葫芦形星宿海频繁出现在各种关于黄河探源记录的文献史料中。

唐代，随着文成公主入藏等文化交流的深入，黄河源头的星宿海、巴颜喀拉山等地逐渐为人所熟知。诗人李白曾慷慨歌赋："黄河西来绝昆仑，咆哮万里触龙门。"

到了元代，公元1280年，朝廷派遣都实等人赴黄河源考察，留下一本《河源志》。其中记载："河源在土蕃朵甘思西鄙，有泉百余泓，或泉或潦，水沮洳散涣，方可七八十里，且泥淖溺，不胜人迹，逼视弗克，旁履高山下视，灿若列星，以故名火敦脑儿。火敦，译言星宿也。群流奔凑，近五七里，汇二巨泽，名阿剌脑儿。"这段史料明确地记录了黄河发源于星宿海（火敦脑儿），其下有扎陵、鄂陵双湖（阿剌脑儿）。

明人对长江、黄河的分水岭有了更正确的认识。公元1382年，僧宗泐奉使西藏回来，有《望河源》诗，自注云："河源出自抹必力赤巴山（巴颜喀拉山）。番人呼黄河为玛楚（玛曲），牦牛河（通天河）为必力处，赤巴者，分界也。其山西南所出之水，则流入耗牛河；东北之水，是为河源。"宗泐还写道，他饮河水的时候，藏人开玩笑说："汉人今饮汉水矣。"他明确否定了"河出昆仑"的说法："中国相传以为流自昆仑，非也。"

清代，星宿海和双湖已为人熟知，考察转移到注入星宿海的三条溪流——卡日曲、玛曲和多曲，希望弄清哪条是主源。事实上，真正的河源在星宿海以西百余公里外，探寻起来十分困难，因此进度缓慢。

今天回看，古人在通达不便的交通条件下将黄河源的位置一步步确定到星宿海的上游，实属不易。中华人民共和国成立后，人们才开始在真正意义上对黄河源头进行科学探索。

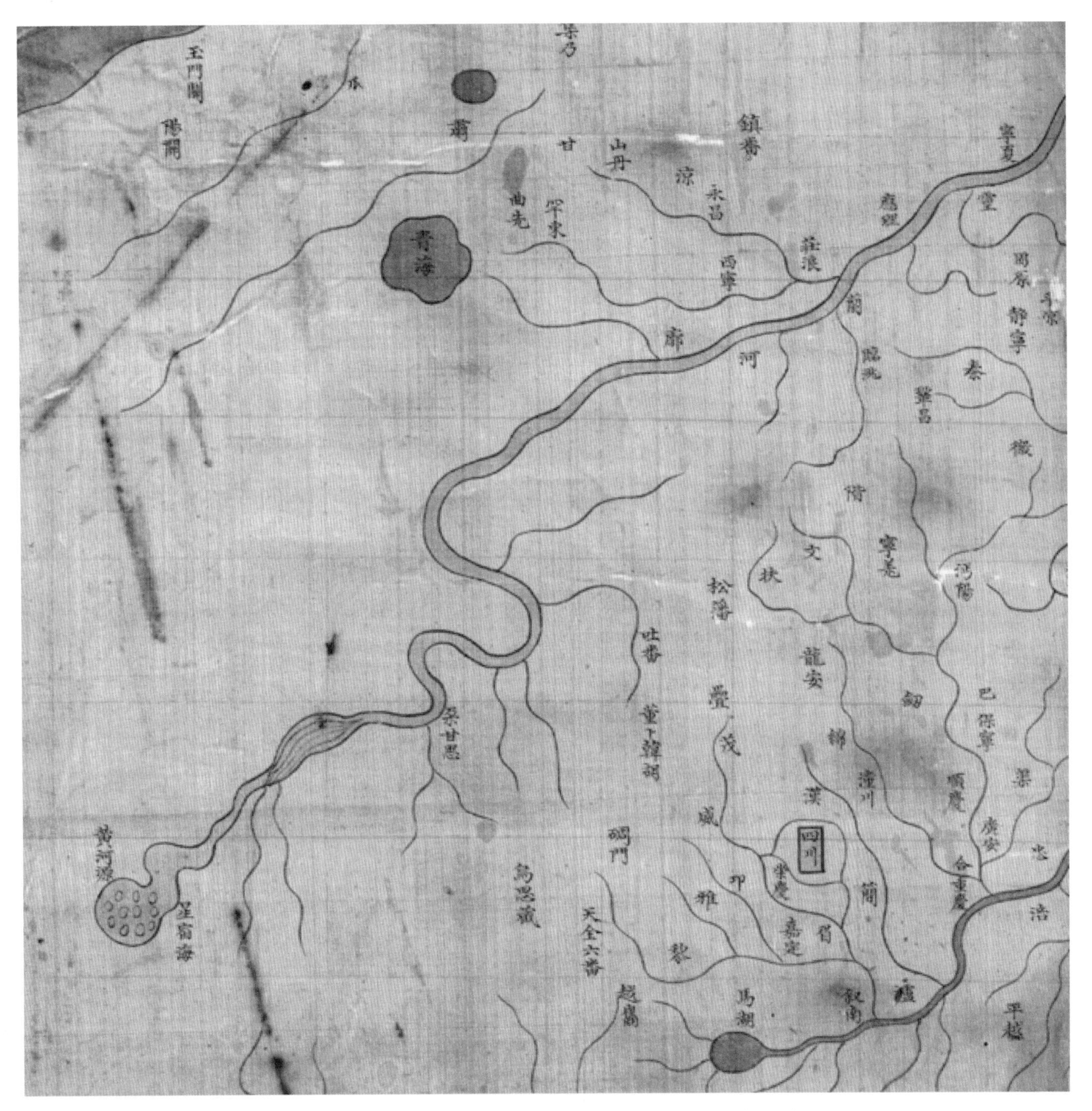

成于明嘉靖年间的《大明舆地图》（局部），绢底彩绘本，其中有对黄河源头星宿海的描绘，图现藏于美国国会图书馆。

曲折的定源之旅

玛多县位于黄河源区，在藏语本义中，“玛”指“玛曲”即黄河，“多”意为“源头”。不过，关于黄河源头精确的定源之旅，即便在现代科考探寻后，依然有着诸多答案。

1952年，水利部黄河水利委员会提出将玛曲最长的支流“约古宗列曲”定为黄河源头；1978年，青海省人民政府定扎陵湖以西两百多公里处的“卡日曲”为源头；1999年，黄河水利委员会立碑将源头定为“玛曲曲果”；2004年，中科院科学家刘少创将卡日曲上源“那扎陇查河”定为黄河源头，让寻源之旅重新回到了科学领域和公众的关注中……从地理学上，河流源头的确定，一般根据“河源唯远”的原则。但黄河源地区地势平缓，河流、湖泊星罗棋布，同时，高原雨、旱两季的水量变化较大，要测量出哪一条支流最长、水量最大，确实是巨大的挑战。

作为中华民族的母亲河，黄河源的认定更成为一个综合流域面积、河流发育期、历史认知习惯等多种维度的综合判断。

围绕黄河源头的最新一次科考，来自2008年9月6日启动的“三江源头科学考察”行动，利用卫星定位系统（GPS）、地理信息系统（GIS）、遥感技术（RS）等现代测绘高新技术，遵循国际上确定河流正源的“河源唯远”“水量唯大”“与主流方向一致”的三大标准，据此次科考结果认定：玛曲及其最长支流约古宗列曲总长度为325,030.3米；卡日曲与其支流尕日阿强咯曲—拉浪情曲—那扎陇查河总长为358,813.6米。卡日曲比玛曲最长的支流约古宗列曲的长度长36.54千米，流量也是玛曲的2倍。虽然流域面积略小于玛曲，卡日曲及上游支流最终被专家评审委员会确定为黄河的源头。[1]

参考这一研究成果，我们可以这样归纳和理解黄河在它最初孕育的地方发育壮大的历程：从巴颜喀拉山脉各姿各雅山北麓的卡日曲发源，与约古宗列曲及扎曲汇合——这一汇合之处便是曾经的星宿海——然后东行汇入扎陵湖和鄂陵湖；与此同时，南端发源于称多县清水河乡的白玛曲和发源于巴颜喀拉山主峰的勒那曲也汇入鄂陵湖。在鄂陵湖，南北两源完成了黄河最初源头地区水源的汇集，而后在玛多县东行，中途又不断汇入新的支流，得以一步步壮大。在黄河源区所在的玛多县境内，除了冬格措纳湖，整个玛多县均属于黄河集水区。

在一次次河源认定的讨论与争议中，更重要的或许不是源出何处的答案，而是在一次次探源中，对母亲河的认知不断深入。在连接扎陵湖、鄂陵湖的措日尕则山山顶，已故的十世班禅和胡耀邦同志在1988年分别为纪念碑题写的藏、汉双语“黄河源”，这一纪念碑没有立于黄河源头最精确的位置，而是矗立在黄河源头几千个湖泊之中，最大且最有代表性的两处之间。这里，承载着千百年来人类对黄河源头在地理与精神意象上的双重象征。随着时代的发展、技术的进步，黄河源的科学探寻，事实上，也远未到画上句号的时刻。

1. 肖春雷. 黄河之源的地理探险与人文追问. 生态三江源, 2017, 03: 28~31.

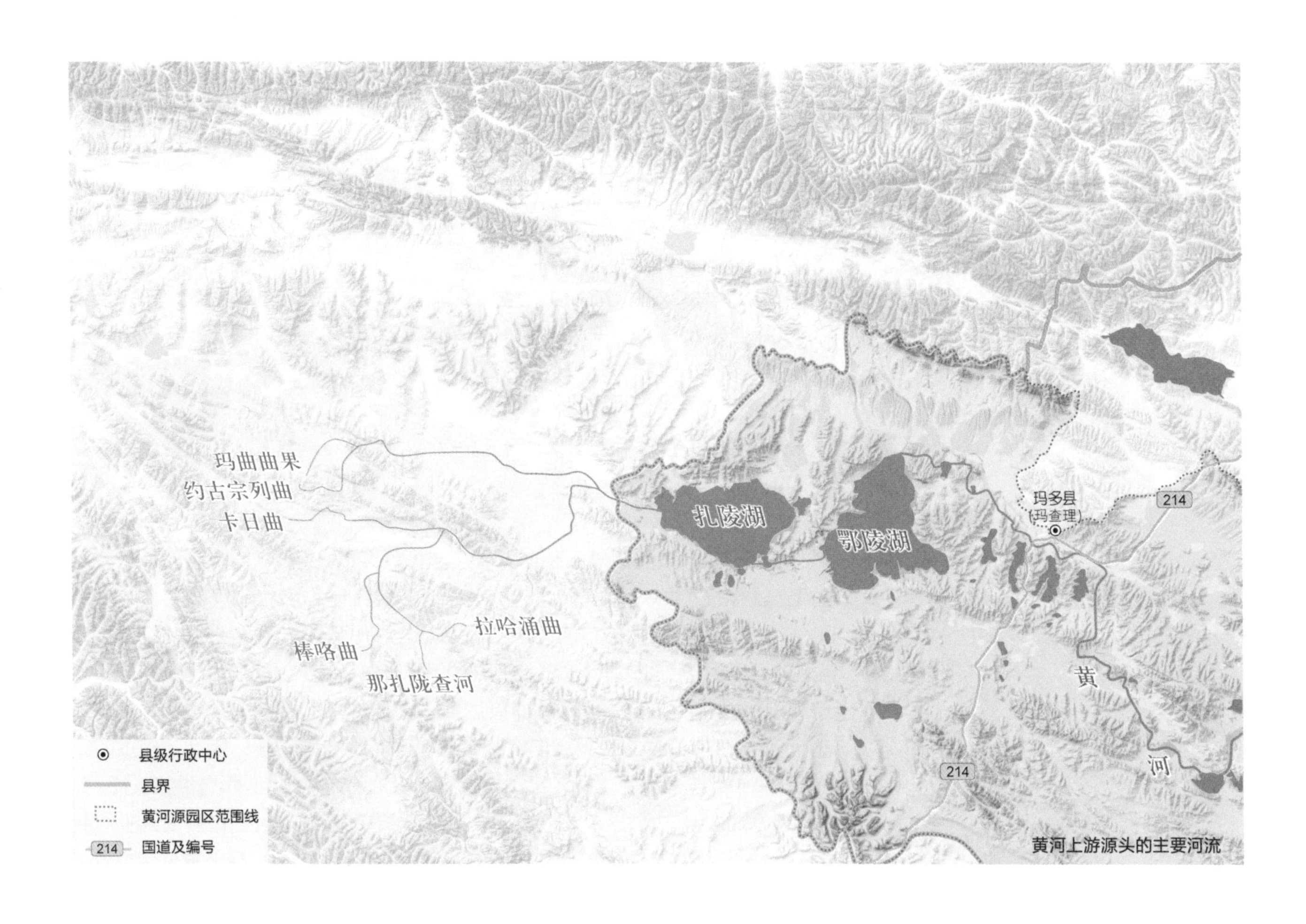

黄河上游源头的主要河流

立在玛曲的黄河源碑（图片来源：维基百科）

3.2 河源湿地

在黄河源区，河流、湖泊、沼泽构成了独特的高原湿地生态系统。作为海拔最高的湿地系统，它是如何形成的？其特点与重要性在哪里？尤其是今天全球正面临着气候变化的复杂挑战，青藏高原的湿地又将受到怎样的影响？

水源何处

青藏高原是欧亚大陆主要江河的发源地。据测算，长江总水量的25%、黄河总水量的49%和澜沧江总水量的15%来自青藏高原的三江源地区。三江源是当之无愧的“中华水塔”。

我们不禁去追问，三江源地区究竟有何“魄力”，能给三大江河提供源源不断的水源呢？

青藏高原强大的高原下垫面和周围大致均匀的环境，令这一巨型地理空间孕育出独特的气候单元。强烈隆起的高原地形犹如一个巨大的加热器，配合着季风，将源自印度洋经孟加拉湾而来的水汽输送到高原上空，直到遇到三江源地区巨大的高原山系。在这里，水汽被迫开始了攀升的历程，经过强烈的热对流作用形成了巨大的积雨云。受到平均海拔达到5000米的高山带来的局地锋生作用影响，这些水汽被拦截的临界高度大约会再提升1000~1500米，因此让较多的降水可以集中到青藏高原上的较高山体如巴颜喀拉山的两侧，从而提供给长江、黄河和澜沧江发源。[1] 这些来自印度洋的水汽，经过三江源地区的拦截后几乎所剩无几，也由此导致高原北侧地势下陷的柴达木盆地降水奇少，最终形成了世界上海拔最高的沙漠地带。

青藏高原上的云 ©冶青林

局地锋生作用

由高原大地形引起的非绝热局地锋生，是一种基本的高原天气过程。

热融湖塘

因为海拔较高、气候严寒，地下60~80厘米以下发育着多年冻土，形成隔水层，使得降水、径流和冰雪消融水不能迅速下渗而聚积，形成地表积水河季节性串流。遍布大大小小的积水坑，水坑间多是馒头状的隆起草丘。

丰润的雨水降临在三江源地区后，这里高亢而开阔的地势为河流汇集及湖泊形成提供了便利的条件。而三江源地区寒冷的冰缘气候条件则是湿地广泛发育的另一重要因素。冰缘气候条件最典型的特点之一是地下存在多年冻土构成的不透水层。三江源地区，大量冰川雨雪积水在低洼地区滞水，产生了以冻胀草丘和热融湖塘（洼地）为特色的高寒湿地景观。于是，平缓的三江源高原面上，纵横的河流与众多的湖泊，与广泛分布的沼泽和独特的高原冰川共同构成庞大的固体水库，令三江源地区无愧于“中华水塔”的美誉。

三江源地区孕育的三条河流之中，长江的正源沱沱河，是冰川融水型河源，来自唐古拉山脉主峰各拉丹东之上的冰川群，是地球上少见的大陆型冰川发源的外流江河源头；澜沧江源头地区支流众多，源头亦是历经曲折，定位于一处水流较大的山谷岩屑出水口。

唯有黄河，发源于约古宗列盆地区的泉水洼地。这一独特的地理环境孕育了丰富的湿地资源。其湿地类型主要包括河流湿地、湖泊湿地、沼泽湿地。黄河源头的各条干流、支流是这里最主要的河流湿地，在扎陵湖、鄂陵湖、星星海等高海拔天然湖泊湿地间，也分布有一定面积的高寒沼泽草甸湿地。

1. 李迪强，李建文主编. 三江源生物多样性——三江源自然保护区科学考察报告. 中国科学技术出版社，2002.

黄河源区的河流湿地 ©三江源国家公园管理局

鄂陵湖——黄河源区的湖泊湿地 ©三江源国家公园管理局

扎陵湖附近——黄河源区的草甸沼泽湿地 ©马生录

黄河源湿地

与平时印象中奔腾千里的黄河景象不同，在它的源头，多元的湿地是蓄积水源的主要方式——以密如织网的河流湖泊为主体，结合大面积的高寒草甸、高山草原和高寒沼泽，构成了黄河源区独特的高原湿地生态系统。

河流湿地是黄河源区最常见的湿地类型。据统计，黄河源区河流湿地的总面积约在267.91平方公里。[1] 在黄河源，你能看到河流在最早形成之时的形态。在扎陵湖一鄂陵湖一带的河源地区，辫状河道与曲流河道交替出现。曲流不是单一河道，而是在宽谷中，由许多曲流河道交织成曲流摆动带，其中有许多河道极度弯曲后因自然截弯取直，残留为小牛轭湖。它们是河道在平原面上自由摆动形成原始曲流的典型。黄河源区的干流流出扎陵湖和鄂陵湖后，沿巴颜喀拉山的北侧河谷地带向东南方向，流经久治县的峡谷河段进入玛曲县后才形成冲积平原河段。

高原独特的气候特征带来河流季节性的周期变化。与其他地方不同，河源区只有冬夏两季。冬季降水少且以固态降水（指大气中降落的雪、雹、霰等）为主。一般而言，每年10月下旬开始，干流河道开始流凌，并有岸冰。11月封河直到次年4月下旬冰情消失。因此，河源区的径流主要集中在6~10月，径流量占全年的71%，作为对比，12月至次年3月的径流量通常仅占全年的10%。[2]

河源地区的另一种典型的湿地类型是高原沼泽湿地。黄河源地区，盆地形地貌的汇水作用以及河谷平原缓滞的水流为沼泽湿地的发育提供了条件；再加上河源地区土层下部常有多年冻土层或季节性冻土层，降水和冰雪融水在平缓滩地产生滞水，因而不断发生沼泽化的过程。在黄河源区平坦的河谷、分水鞍部和平缓的山麓带都有高原沼泽湿地发育。黄河源区沼泽湿地的总面积约在2000平方公里，这里是中国最丰富的湿地沼泽分布区。

根据对美国国家航空航天局（NASA）的地球资源技术卫星获取的遥感图像进行解译，整个黄河源地区的沼泽面积大约在2000平方公里。[5]

在这里，你经常会发现草甸上隆起的半圆形草丘，这是土壤融冻的结果。草丘间的洼地时常积水，形成形态大小各异的热融湖塘。以嵩草群落和苔草群落为典型代表的沼泽湿地，呈斑块状镶嵌分布，构成三江源区沼泽湿地独特的景观生态类型。[3] 在三江源过分潮湿、高寒的环境条件下，以藏嵩草和青藏苔草为主的高寒沼泽化草甸，构成了“中华水塔”的主要保水屏障和蓄水库。

黄河源地区河流旁的牛轭湖景观 © 李友崇

除了河流湿地和沼泽湿地，无数蜿蜒的河流，大大小小的湖泊，分布在河流流经的路线或是周边。这里共有湖泊5300多个，总面积达1820平方公里，湖泊湿地的总面积接近黄河源区总面积的十分之一。[4]

就这样，河流、湖泊、沼泽共同组成了黄河源极具典型性和代表性的高原水源涵养系统：高寒草原—草甸—湿地生态系统。“海绵”一般的草甸植被、沼泽湿地和湖泊，兼具着综合且无可替代的生态系统服务功能——水源涵养和净化、储存和供给，碳汇和调节小气候，为野生动植物提供栖息地等。它们为母亲河源源不断地汇入清流，沿途滋养着华夏文明的繁荣，奔流向东，最终汇入大海。

1. 国家发改委.三江源国家公园总体规划，2018.
2. 玛多县地方志编纂委员会. 玛多县志1996—2010. 青海民族出版社，2011.
3、4、5. 李迪强，李建文主编. 三江源生物多样性——三江源自然保护区科学考察报告. 中国科学技术出版社，2002.

牛轭湖的形成

在黄河源区，经常可以看到辫状河道与曲流河道交替出现，以及许多河道极度弯曲后因自然截弯取直而残留形成的小牛轭湖。

第一阶段

在黄河源的高原盆地上流淌的河流，会因为地转偏向力、地质结构、土壤岩石质地差异等因素的影响，发生摆动而形成弯曲的形状。

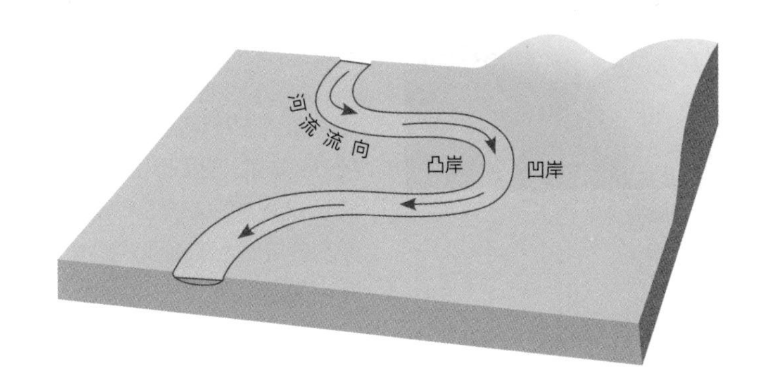

第二阶段

由于惯性，河流在弯曲处会不断冲刷凹岸一侧的河岸，使得凹岸越来越向陆地一侧后退，而凸岸一侧则因为水流速度相对较慢而堆积泥沙，这样凹岸不断侵蚀，凸岸不断堆积，由此河流的弯曲度就会越来越大。

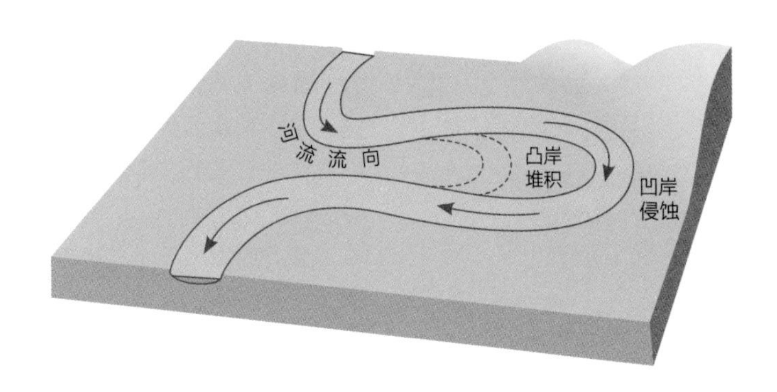

第三阶段

随着河流弯曲的不断变大，拐弯处水流速减慢造成泥沙的淤塞，最终，河流在弯曲处狭窄的地方冲出新的直线河道，这种现象被称为河流的截弯取直。

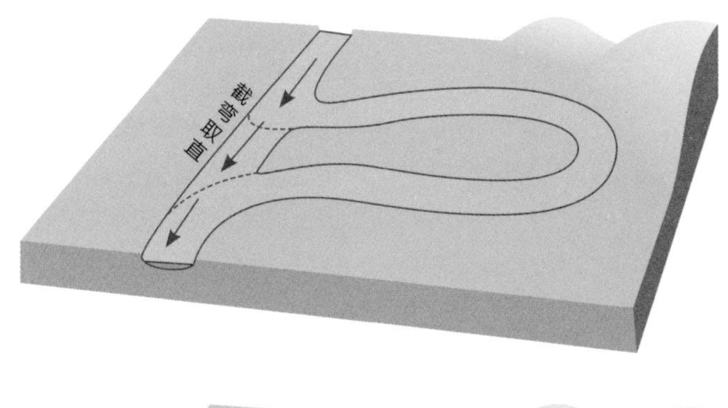

第四阶段

原本弯曲部分的河道因为泥沙淤塞、水位下降，逐渐与主河道分离，渐渐成为遗留在原河流凹岸边一段弯曲积水湖泊，形状如牛轭，从而形成了牛轭湖。

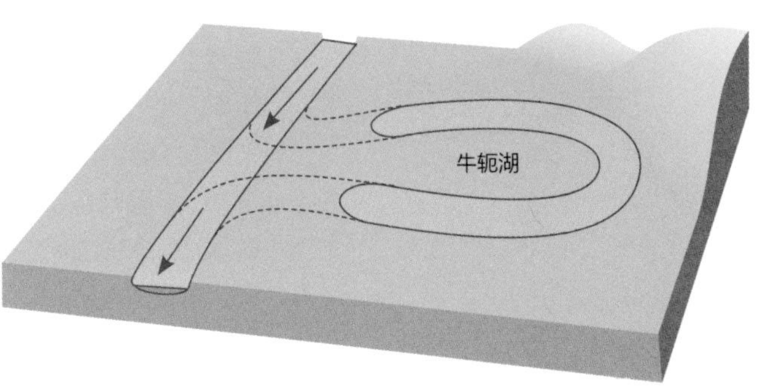

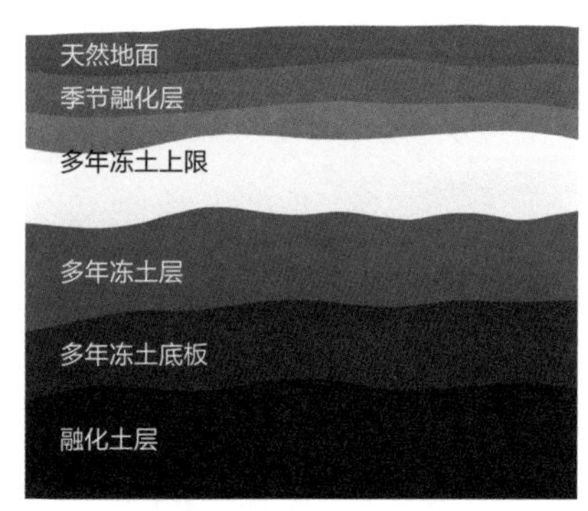

冻土层的剖面结构

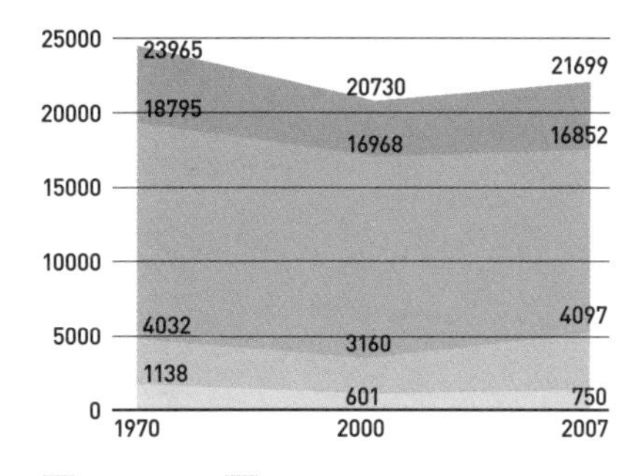

总面积　长江源区　黄河源区　澜沧江源区

1970~2007年三江源各源区湿地面积变化趋势[3] (单位：km^2)

冻土层与气候变化

青藏高原虽然集中了高大山脉与冰川，但作为中低纬度受太阳辐射热量最大的地区，以及从高原边缘向高原腹地降水量的急剧减少，因此不具备形成冰盖的条件。不过，位于地球"高极"的地底，却拥有连绵厚大、让人叹为观止的冻土层。

冻土与黄河源的水系格局和地貌的形成有着紧密的联系。地下的水分因冻结，形成含冰的土石层。按冻土的保持时间，分为季节冻土和多年冻土。青藏高原已经成为中低纬度面积最大的多年冻土岛。它是世界中低纬度地带唯一发育有大面积多年冻土的地区。其中，最大的一处"大片多年冻土区"就在青藏高原腹地，几乎囊括了整个三江源地区。根据兰州冰川冻土研究所对冻土层厚度的考察分析，唐古拉山脉以北厚100~120米，昆仑山口附近厚达175米。河谷处较薄，大约在8~88米。[1]

黄河源所在的玛多县，由于海拔较高，气候寒冷，存有多年冻土区。永久冻土层受到青藏高原夏季太阳辐射热的影响，表层也可能出现融化。地表土层的移动会形成融冻泥流或泥石流，这种作用使地表地形趋于平缓，或造成陷穴、洼地。这些洼地积水后容易沼泽化，并逐步扩展、连接成大片如星宿闪耀的湖沼湿地。它既是青藏高原的典型地貌，也是三江源国家公园最具特色的景观。

在黄河源区冻土分布十分广泛，但厚度很薄。因此，这里的多年冻土更容易受到气候变暖的影响。一旦有一片地下冰融化，地面上就会形成一条沟渠。随之而来，地表土的温度平衡被打破，沟渠不断扩大，两侧消融得越来越快，形成所谓的冻融滑塌。冻土层融化造成的影响就连高速公路也不能幸免。尽管路基的设计和建造经过了周密的计算，但在气候变化面前，人力有时难以为继。随着地下冻土层的融化，路基之上曾经平坦顺畅的柏油路现在变得如波浪起伏，被人戏称为"跳舞的公路"。

从20世纪80年代以来，三江源区气温以每年0.02℃持续上升；加之人类经济活动的增强，导致冻土呈区域性退化[2]。可以说，气候持续转暖是造成本区多年冻土区域性退化的根本原因。近30年来，三江源冰川退缩的速度是过去300年的10倍，其中气候变暖是冰川消融最重要的原因。

全球气候变化进一步加剧了高原生态退化的复杂性和不可控性。全球变暖的趋势，造成生态极度脆弱敏感的源头区雪线后退，冰盖缩小，冰川冻融期的季节性节律发生变化。

对于以湖泊湿地为主要组成部分的黄河源区而言，气候暖湿化的直接影响是冻土层下降、冻融范围和深度变化，进而导致地下水位下降和迁移加速，以及随之而来的湖泊面积增加和沼泽的退化。这一系列问题的叠加作用，将给高原湿地生态系统带来巨大而难以逆转的影响。

1、3. 李迪强，李建文主编. 三江源生物多样性——三江源自然保护区科学考察报告. 中国科学技术出版社，2002.
2. 燕云鹏，徐辉，邢宇等. 1975—2007年间三江源不同源区湿地变化特点及对气候变化的响应. 测绘通报，2015(s2):5~10.

玛多星宿海 ©冶青林

3.3 高原星海

从空中俯瞰，黄河源区大大小小的湖泊犹如夜空中的星海。黄河源区有哪些重要的湿地湖泊？这些诞生于高原的星海，在黄河源区发挥着什么作用，又有哪些独特的故事？

千湖之地

黄河源区所在的青海省玛多县素有“千湖之县”的美誉。其中，湖水面积大于5平方公里的湖泊有7个；1~5平方公里之间的湖泊有16个；0.5~1平方公里的湖泊有25个[1]。这些湖泊多分布在黄河干支流附近和低洼平坦的沼泽地带，最为典型的湖泊有扎陵湖、鄂陵湖、冬格措纳湖（黑海）、隆热措、星星海、哈姜盐池等。更多的湖泊则密布在黄河不同支流的流域范围内，其特点是面积小，密度大。据统计，在卡日曲汇口以上的河源上段就约有2747个小湖泊。

为什么黄河源区会形成如此规模的湖泊群呢？最根本的原因在于河源地区独特的地质地貌演化历程。黄河源区周围的巴颜喀拉山与布青山属于受断裂构造控制的长期隆起带，而黄河和以扎陵湖、鄂陵湖为主体的湖泊群宽谷盆地则属于第四纪相对沉降带。在漫长的地质历史时期，整个河源地区曾经是一个由相对陷落的构造盆地形成的大湖，随着高原的隆起，古湖泊面积不断缩小，并逐渐分离成小湖。

在今天的扎陵湖和鄂陵湖畔还可以观察到一些看似不起眼、实则内涵丰富的地质见证——由扁平状砾石组成的天然堤，通常迎湖的一面较陡，背湖的一面坡度较缓，堤外是一些小的洼地；再向外，还可见到高出湖面更多的天然堤和洼地。这种天然堤和洼地相间的地貌形态，记载了扎陵湖和鄂陵湖长期演变的历史，是湖泊逐渐缩小的真实记录。

在这种地质构造的巨大应力下，扎陵湖和鄂陵湖大约在距今1万年前的晚更新世完全分离，形成了今天的河源地区“两山夹两湖”的特殊地貌。

这种地貌极其有利于雪山冰川融水和地面降雨径流的汇聚。更多互相串接的小湖泊出现了，这才有了约古宗列盆地集群湖泊，有了曾经的星宿海……水越聚越多，一路向东，汇聚于最低的两大盆地，让今天的扎陵湖和鄂陵湖恣意汪洋。

同样地，经过河源地区众多湖泊的补给，成就了人所共知的“滚滚黄河东逝水”。

1. 李迪强，李建文主编. 三江源生物多样性——三江源自然保护区科学考察报告. 中国科学技术出版社，2002.

黄河源头，玛曲流入扎陵湖 ©王建军

如果登上两湖之间的措日尕则山山顶，两湖景象映入眼中，鄂陵湖呈瑰丽的深蓝色，扎陵湖即使在阴云下，湖心水面仍透出明净的白色。

扎陵湖和鄂陵湖的颜色差异，可能还归因于两湖本身的特性差异：如水深不同，鄂陵湖平均水深约18米，最深处30多米，扎陵湖平均水深约9米；鄂陵湖的水体相比扎陵湖带有一定盐度。

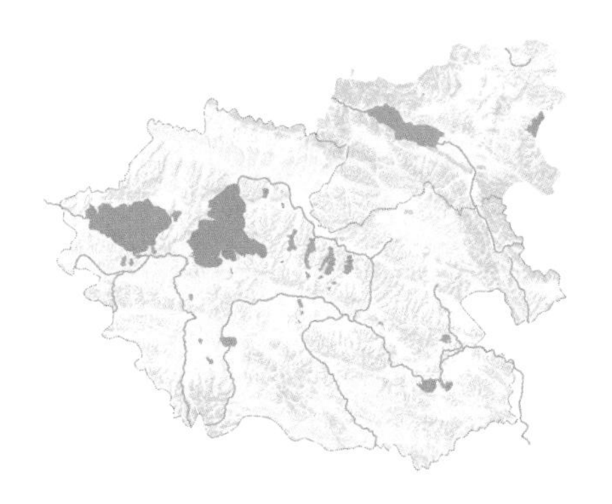

扎陵湖与鄂陵湖

如果俯瞰整个青海省的地形地貌和水系格局，除了青海湖，最引人注意的就是位于黄河源区的扎陵湖和鄂陵湖这对姐妹湖了。在群山环抱之中，黄河源头闪烁着两颗晶莹的高原明珠。两湖均是由断陷盆地形成的构造湖，坐落在海拔4200米的高原上，比青海湖高出约1000米。它们不仅是黄河源重要的水量来源，更对净化水质、调蓄水量、防洪减灾和调节当地气候具有重要作用。环湖分布的广阔沼泽和亚高山草甸，为高原上多种野生动物，特别是水鸟和高原特有水生生物提供了重要的栖息地。

扎陵湖东西长35公里，南北宽21.6公里，呈不对称的菱形，形似一枚贝壳。黄河从西岸平坦的“布肉加千”草滩分三股注入湖体，从湖的东南端流出。因携带大量泥沙，风吹浪涌时水面呈灰白色。与此同时，湖北岸和湖东岸还有多条黄河支流也注入扎陵湖。

鄂陵湖距扎陵湖28公里，东西窄（宽度31.6公里）、南北长（长度32.3公里），形似金钟。从扎陵湖流出的黄河，自鄂陵湖西南角的一片沼泽中注入鄂陵湖，并把后者的湖口冲刷出水深不足1米、近2公里宽的浅滩。黄河水道沿着湖的西北边向东北行进，最终在湖的北端流出，继续西行。经过扎陵湖的沉淀后，鄂陵湖的进湖泥沙较少，因而湖水极为清澈，呈青蓝色乃至深绿色。

对黄河源来说，扎陵湖和鄂陵湖是黄河源头的两个天然水库。扎陵湖湖面海拔4294米，水域面积526平方公里，平均水深9米，储水量46.7亿立方米，是黄河流域第二大淡水湖；鄂陵湖湖面海拔4272米，比前者低22米，水域面积610.7平方公里，平均水深17.6米，最深可达30多米，储水量107.6亿立方米，是黄河流域第一大淡水湖。两湖的蓄水量合计约160亿立方米，占黄河流域年总径流量的28%，对保障黄河水资源有巨大的作用。[1]

对于生活在黄河源区的当地人，扎陵湖与鄂陵湖是朝夕相伴的神圣之湖。在藏族传说中，两湖是天神赐予牧民生活的乐土。这里是史载的唐蕃古道的重要节点，文成公主在此与松赞干布相会，经黄河源头的第一个古渡口前往拉萨。自古以来，藏族人民就在两湖地区放牧、生息。扎陵湖和鄂陵湖在当地人口中又被称为“查灵海”和“鄂陵海”，藏语意为“白色的长湖”和“蓝色的长湖”。

两湖具有重要的科研价值，代表了青藏高原最典型的、海拔最高的淡水湖泊湿地生态系统。两湖之中的多个鸟岛，是继青海省青海湖鸟岛之后的又一个鸟类王国。每年春天，数以万计的候鸟从印度半岛飞到这里繁衍生息。2005年2月，两湖同时被“湿地国际”批准，成为国际重要湿地。国际重要湿地的标准源于1975年12月21日生效的《湿地公约》，列入名录的湿地在生态学、植物学、动物学、湖沼学或水文学方面均具有独特意义。扎陵湖一鄂陵湖的申报符合多条指定标准：湖区沼泽和环湖半岛、水域是鸥类、雁鸭类和黑颈鹤等鸟类的重要栖息地；湖泊水体中有花斑裸鲤、极边扁咽齿鱼、骨唇黄河鱼等鱼类，其中相当一部分种类为青藏高原或中亚特有。

1. 李迪强，李建文主编. 三江源生物多样性——三江源自然保护区科学考察报告. 中国科学技术出版社，2002.

鄂陵湖与扎陵湖 ©冶青林

星星海湿地群

当玛曲流出鄂陵湖后，便以黄河为名。这时，黄河在湿地沼泽草甸上蜿蜒迤逦，其所经之处，周围分布着大大小小众多的湖泊。黄河经此众多湖泊补给，得以充实壮大。流经玛多县城以后，黄河会穿过一处连缀成片的湖泊、沼泽和滩地。在当地藏族人眼中，无论日月光辉之下，湖面永远闪烁流动着不歇的光芒，状如天上的繁星丛集，所以将它命名为“星星海”，藏语称为“阿涌贡玛措”。

整个星星海湿地流域面积约797平方公里，四周为山地，中间低而平缓，是一片狭长的沼泽草甸区。这里湖泊众多，大型湖泊有龙日阿措、星星海、阿涌吾玛措、日格措、阿涌尕玛措等，其中最大的湖泊星星海，湖水面积为29平方公里，南北长约13公里，南部宽约1.5公里，北部宽约3公里。星星海的北端有东、西两个出口，各有水道向北汇入黄河干流。玛多县的“黄河第一桥”就位于其东出口、向东北方约4公里处。在整个星星海湿地流域内，大大小小的湖泊总数超过400个，更有广阔无垠的沼泽湿地，构成了黄河源头重要的水源涵养地。

与扎陵湖和鄂陵湖相比，这里海拔更低，平均仅有4240米。地貌复杂多样，让星星海湿地群里得以孕育河流、湖泊、沼泽、荒漠和草地等多样的高寒干旱自然环境，吸引了丰富的野生动物栖息。除了丰富的鱼类资源，春夏之初，这里又成为鸟类天堂，国家一级保护鸟类黑颈鹤、玉带海雕和金雕，二级保护鸟类大天鹅、红隼等在此停驻、栖息。各类哺乳动物如常见的西藏野驴、藏原羚、喜马拉雅旱獭和高原鼠兔等，也在大面积的沼泽湿地中，以湿地植物和水生植物为食，湖岸生灵，一片兴旺。

冬格措纳湖

冬格措纳湖是果洛州的第三大湖泊，被当地藏人奉为“神湖”。“冬格措纳”语义恢宏，意为“一千座山围成的湖”。湖泊位于玛多县花石峡镇西北侧，南临布青山，北临布尔汗布达山，湖东岸即是著名的阿尼玛卿雪山。湖面海拔4085米，湖长约37公里，最大宽10公里，面积247平方公里。作为高原上最深的湖泊之一，平均水深达28米，最大水深90米。水越深的地方，湖越蓝，蓝得泛黑，被当地人称为“黑海”[1]。尽管其不在三江源国家公园黄河源园区范围内，但对于前往黄河源参观的访客来说，其自然魅力，令人心生向往。

开阔的湖面和浅滩、丰富的湿地植物和水生生物资源，吸引众多水鸟来此繁殖育雏。每年夏天，数以万计的斑头雁、大雁、野鸭、鱼鸥、棕头鸥在湖面上嬉戏飞翔。世界自然基金会高原湿地项目的调查研究显示，每年有近万只候鸟在此筑巢繁衍。因湖泊四周被高大而险耸的群山环绕，湖泊沼泽地段还有一定数量的藏原羚、西藏野驴、岩羊、白唇鹿、雪鸡、盘羊、雪豹、猞猁、黄羊等。

作为国内海拔最高的国家湿地公园，2014年冬格措纳湖被设立为国家湿地公园（试点）。这一实践，让这片湖水承载的维持水源地安全与保障生物多样性的重要功能得到更好、更严格地保护。

神湖的文开与武开

每年4月，随着天气变暖，结冰的湖泊冰面逐渐变薄，直至融化。这一平缓的开湖过程被形容为“文开”。在短期内遇到大风、强烈的天气降温、再快速升温，导致湖面冰层从南到北爆开，到处裂口横亘，并迅速解冻的现象，则称为“武开”。

1. 玛多县地方志编纂委员会. 玛多县志1996—2010. 青海民族出版社，2011.

星星海湿地群 ©冶青林

冬格措纳湖 ©冶青林

夏天鄂陵湖的景象 ©李友崇

春天鄂陵湖开湖时的景象 ©王成财

04

严苛高原的自由生灵

青藏高原独特的地理和气候特征，使得三江源成为一个具有丰富而独特高原生物多样性的地区，这里独特的地质发育过程塑造了多样化的地形地貌，其中包括冰川、草甸、湿地等各种独特的高原生态系统，从而为各类生物，尤其是适应寒冷、干旱、强风、强辐射等环境条件的高原特有物种的分布，提供了极其独特的生存环境。另一方面，全球气候变化背景下，叠加人类对环境的影响，特别是近一个世纪相对较强烈的人类活动干扰和对自然资源需求的不断增加，使得当地生态系统呈现出较为显著的脆弱性。

尽管如此，三江源国家公园依然拥有让人惊叹的丰厚资源和独特魅力。根据国家发改委2018年1月公布的《三江源国家公园总体规划》的不完全统计，这里有中国特有种植物1000多种，其中青藏高原特有种705种，更有40多种受国家和《濒危野生动植物国际贸易公约》（CITES）保护的珍稀濒危物种。野生动物共有125种，多为青藏高原特有种，且种群数量大；其中兽类47种，包括雪豹、藏羚羊、野牦牛、西藏野驴、白唇鹿、马麝、盘羊、金钱豹等8种国家一级保护动物；鸟类59种，包括黑颈鹤、白尾海雕、胡兀鹫等3种国家一级保护动物，以及大鵟、雕鸮、鸢、兀鹫、纵纹腹小鸮等国家二级保护动物；鱼类15种。

在三江源国家公园的三个园区中，黄河源园区拥有独特的大面积高原湿地环境，这也为珍稀野生动物的栖息、繁衍提供了良好的环境。西藏野驴、藏原羚、岩羊、野牦牛、白唇鹿等有蹄类动物是这里种群规模最大，也是最容易被观察到的物种；黑颈鹤、斑头雁等迁徙候鸟则选择在夏季到此繁育后代，有些候鸟甚至将这里作为飞越青藏高原的重要迁徙通道和补给站。位于世界屋脊之上，这里是全球最为独特而重要的生态系统，也是人类认识和研究高原生物多样性的物种基因库之一。保护这片土地上的原真生态系统，也是为全人类保护独特而无可取代的生态资源和自然遗产。

河源生机

黄河源区独特的高原湿地生态系统孕育了这里独特的野生动物资源。你能看到西藏野驴、藏原羚、岩羊、野牦牛等野生动物在这里和谐共生，雪豹、狼等肉食性动物在伺机捕猎，更能在迁徙季节观测到黑颈鹤、斑头雁等候鸟的翩翩身影。

4.1 走进高原植被的世界

高原虽然寒冷、干旱，冬长夏短，但并不缺少生机。植物是地球上所有生命存在和发展的基础。黄河源区有哪些植被类型？它们的分布和高原独特的地形地貌有何种关系？从这里出发，让我们走进高原植物的世界，感受它们的生存智慧与蓬勃力量。

高原植被概述

三江源国家公园地处青藏高原高寒草甸区向高寒荒漠区的过渡区，从地质历史上看，受横断山和喜马拉雅植物区系影响，以及华东植物区系成分的侵入，三江源地区具有高原地区特有的多样性生物环境和独特的高山生态系统。在冻土

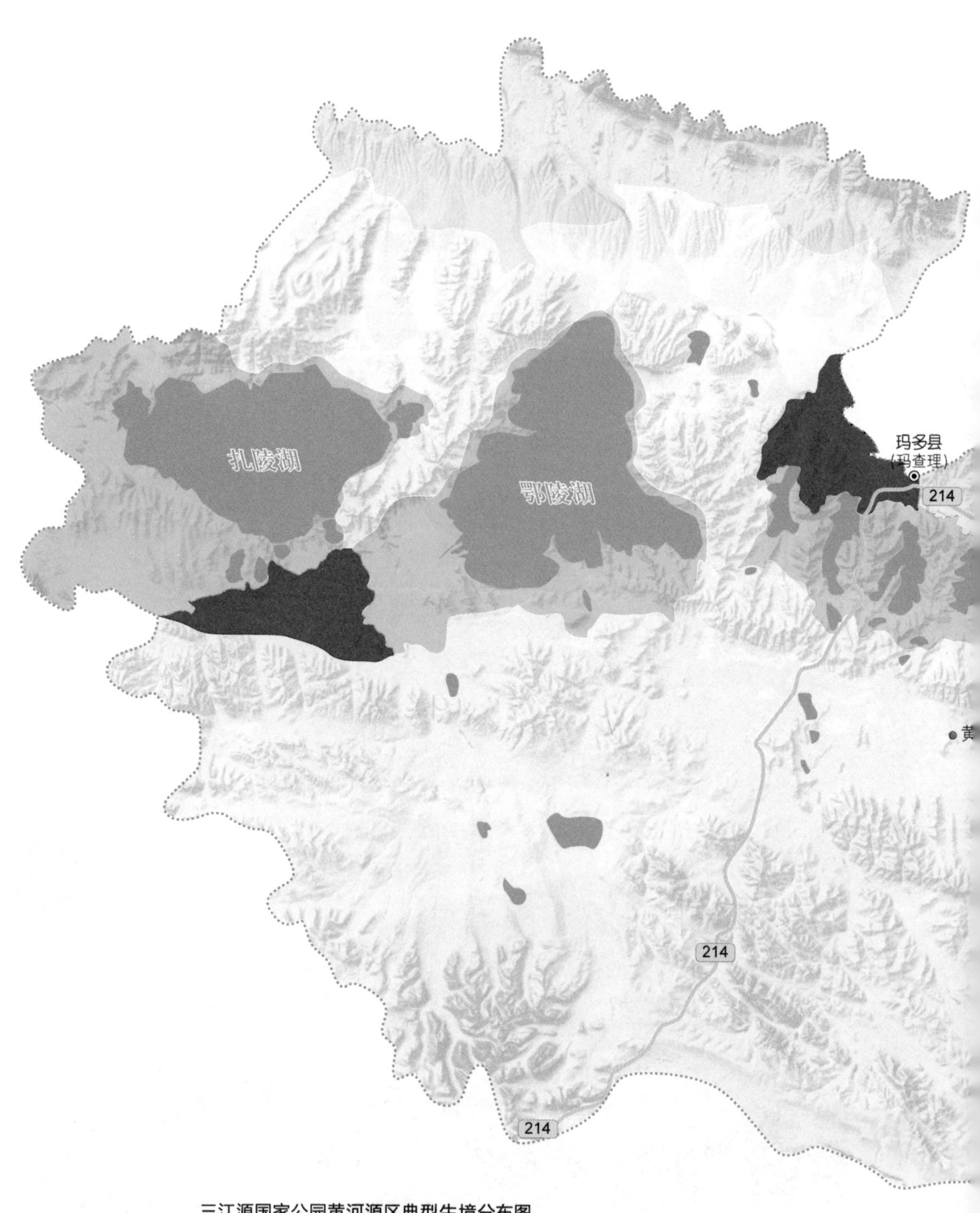

三江源国家公园黄河源区典型生境分布图

地貌、高海拔和高原气候的影响下，严酷的高寒的生态环境限制了木本植物的生长，草本植物在这里占绝对优势，主要植被类型有高寒草原、高寒草甸和高山流石坡植被等。

三江源国家公园黄河源区大部分地区分布在海拔4200至4800米之间，受海拔、气候和土壤成分、含水量等条件的变化影响，这里分布的主要植被类型包括高寒草原、高寒灌丛、高寒草甸、高寒沼泽与水生植被、高山垫状植被及高山冰缘和高山流石坡稀疏植被等不同的类型。植被的原始性和脆弱性十分突出。其中，大多数植物群落成分简单，群系内部组成较为单一，多为单优势结构，适应高寒半湿润环境的高寒草甸得到了最广泛发育。

高寒草原区
湿地沼泽区
灌草丛区
沙地荒漠区
高寒草甸区
县级行政中心
乡、镇
214 国道及编号

资料来源：中国环境科学研究院.三江源国家公园黄河源园区生态保护和建设发展规划，2016.

高原植被的主要类型[1,2]

高寒草原

高寒草原 ©王原

黄河源区高寒生态系统中最主要、最典型的植被类型；主要分布于黄河源区黄河以北的中、北部及西部和花石峡以西的布青山山前地带，以及靠近降路岭一带的海拔4100至4400米的河湖盆底、干旱的山地丘陵、河谷缓坡、接地、冲积扇等排水良好的地段。主要以旱生多年生密丛型禾草紫花针茅（*Stipa purpurea*）为特征种和建群种，常伴矮火绒草（*Leontopodium nanum*）、卷鞘鸢尾（*Iris potaninii*）、垫状点地梅（*Androsace tapete*）、短穗兔耳草（*Lagotis brachystachya*）和镰荚棘豆（*Oxytropis falcata*）等。

高寒草甸

高寒草甸 ©马贵

主要分布于以黄河为界的黄河源区南部如麻多乡、扎陵湖乡、黄河乡、黑河乡等的海拔4200至4800米的山地，黄河源区北部如黑海乡的局部地段也有分布。高原草甸的整体分布面积较大。主要以小嵩草（*Kobresia humilis*）和糙喙苔草（*Carex scabrirostris*）为特征种和建群种。另外零星分布以垂穗披碱草（*Elymus nutans*）、帕米尔碱茅（*Puccinellia parmirica*）和赖草（*Leymus secalinus*）等禾草类草甸和杂类草草甸的建群种。以莎草科植物为建群种的高寒草甸，主要分布在黄河源区南部山地的一些阳坡、半阳坡、浑圆山顶及山前滩地和山麓地带。

高山冰缘和流石坡稀疏植被

流石坡稀疏植被 ©张树民

黄河源区植被垂直带谱中，发育得最原始的一类植被。主要分布于本区东部的阿尼玛卿山和西部至南部的巴颜喀拉山海拔4800至5400米的地带或高山顶部，处于雪线下部与高寒草甸带之间，在因寒冻风化作用形成的高山流石坡的雪斑地段和冰川下部的边缘冰碛石滩地段，是黄河源区山地垂直带谱中有花植物分布最高的和生长最稀疏的植被类型。其间和其上部还分布有低等植物和苔藓地衣等所组成的群落，是高山冰缘极端严酷生境下的产物，属于植被演替的最初级阶段。因此，组成这类植被的植物种类多数都是植物界中的先锋，它们极其明显地表现出适应严酷的高山冰缘地带气候条件的特点，不怕流石压埋和因流石坡运动而可能存在的局部搬移。它们多喜湿、耐寒，植体密被绒毛，地下根茎发达，植株矮小，常以呈莲座状、垫状、肉质和密丛生的高山植物与草甸植物为主。植株高度多在5厘米以下。主要有水母雪莲花（*Saussurea medusa*）、鼠麴雪兔子（*Saussurea gnaphalodes*）、绵毛雪莲（*Saussurea laniceps Hand.-Mazz.*）、小舌垂头菊（*Cremanthodium microglossum*）、毛葶单花荠（*Pegaeophyton scapiflorum*）、垫状点地梅（*Androsace tapete*）、四裂红景天（*Rhodiola quadrifida*）。

1. 李迪强，李建文主编. 三江源生物多样性——三江源自然保护区科学考察报告. 中国科学技术出版社，2002.
2. 吴玉虎. 黄河源区天然草场的植被类型及其特点. 中国草地，2004，26（2）：70~75.

高寒灌丛

高寒灌丛 ©三江源国家公园管理局

分布面较小，且常零星分布在局部地区（如玛多县花石峡后山）。由于群落中植物种类丰富，牧草营养价值高，成为高寒生态系统中重要的植被类型。尤以山生柳（*Salix oritrepha*）为特征种和建群种，草本层多为莎草科植物和双子叶植物，地被层常在阴湿处生有苔藓；常见伴生种包括圆穗蓼（*Polygonum macrophyllum*）、无尾果（*Coluria longifolia*）、苔草草甸（*Carex ivanovae*）、甘肃棘豆（*Oxytropis kansuensis*）和紫花碎米荠（*Cardamine tangutorum*）等。

高寒沼泽与水生植被

高寒沼泽及水生植被 ©三江源国家公园管理局

主要分布在黄河源区南部和中西部一些特定水域，如扎陵湖、鄂陵湖及星星海等湖泊边缘地带的浅水处和南部一些小型湖泊与水坑等浅水体中。其中高寒沼泽主要是以挺水植物分枝杉叶藻（*Hippuris vulgaris*）为建群种的单优势群落，伴生种有三裂碱毛茛（*Halerpestes tricuspis*）、篦齿眼子菜（*Potarmogeton pectinatus*）、海韭菜（*Triglochin maritimum*）、水麦冬（*Triglochin palustre*）等。高寒水生植被主要是以龙须眼子菜为建群种的单优势群落，基本无伴生种，常见于扎陵湖、鄂陵湖及星星海等靠岸几十米的浅水区域，水深通常不超过3米。南部的小水坑以抱茎眼子菜（*Potamogeton perfoliatus*）、狐尾藻（*Myriophyllum verticillatum*）、短柄水毛茛（*Batrachium trichophyllum*）为建群种形成单优势群落。

高山垫状植被

高山垫状植被 ©李哲

主要分布于黄河源区海拔4100至4600米的河谷滩地、湖滨滩地、流石坡麓和平缓潮湿的山地等处。在高山冰雪带与高寒草甸带之间，高山垫状植被常呈不连续的斑块状或狭带状，植被高度一般在2~6厘米，黄河源区的垫状植被中生长的植物种类主要有以垫状点地梅、短梗雪灵芝（*Arenaria brevipetala*）、甘肃雪灵芝（*Arenaria kansuensis*）、团垫黄芪（*Astragalus arnoldii*）和密丛棘豆（*Oxytropis densa*）等分别为建群种或优势种的群落。其中一些种类具有垫状植被的特征种资格。常见的伴生种有山岭麻黄（*Ephedra gerardiana*）、红紫桂竹香（*Cheiranthus roseus*）、蚓果芥（*Torularia humilis*）、紫花针茅、钻叶风毛菊（*Saussurea subulata*）、矮火绒草、小早熟禾（*Poa parvissima*）、厚叶美花草（*Callianthemum alatavicum*）、圆穗兔耳草（*Lagotis ramalana*）、镰荚棘豆、四裂红景天、高山唐松草（*Thalictrum alpinum*）等。

4.2
独特的高原植物

黄河源区环境严苛。在寒冷、干燥、多强风、高强辐射等自然气候条件的影响下，高原植物演化出了各自独特的适应策略。高原植物有哪些特殊生存技能？在当地人眼中，又各有什么作用？让我们走进高原植物的世界，体会智慧而顽强的生命力量。

高原植物的生存智慧

高原植物耐低温、耐强风、耐干旱，地上部分普遍低矮，甚至呈垫状或绒毡状贴地生长，但地下根系深或水平根系发达，这些都是对抗高原强风侵袭的特征。小而厚的叶片表面具绒毛等附属物和蜡质层是对干旱和强辐射的响应。在繁殖方面，部分植物依靠相对巨大、鲜艳的花朵，吸引高原稀少的昆虫，提高传粉成功率，另一些除了靠种子繁殖外，还发展出了营养繁殖和胎生繁殖。

匍匐式求生：高山植物普遍低矮。黄河源区基本没有乔木生长，灌木和草本也大多非常矮小，甚至呈垫状或绒毡状贴地生长。低矮、近地、垫状等特征，可以使植物牢牢地固着在土壤或石缝中，如垫状点地梅，株形为半球形的坚实垫状体能有效地抵御强风。而匍匐生长，则是植物通过降低高度来适应黄河源区的特殊环境，如短穗兔耳草以此抵御强风、寒冷并充分利用地面温度。

发达的根系：根系发达是高山植物的又一适应性特点。生长于沙丘和高山流石坡上的植物，为满足生长发育对水与养分的需求，其根系可深入地下2米多，如沙蒿的根系长度通常达到地上部分的10倍左右。许多浅根系的高山植物则发展出庞大的水平根系，生长于沙丘上的赖草的根系，在地下10~20厘米开始水平延伸，有时可长达4米。还有一些植物如马尿脬（*Przewalskia tangutica*）、网脉大黄（*Rheum reticulatum*）等地下根茎，多呈肉质状，块根、块茎发达，以储存较多的水和养分以适应高原干旱和水分蒸发迅速的环境条件。[1]

艳丽的花朵：高山植物大多依赖昆虫传粉，为更好地吸引昆虫并完成授粉过程，很多植物会开出更大的花朵，且颜色艳丽，花期寿命较长。比如密生波罗花（*Incarvillea compacta*）的花冠呈紫红色，在以黄褐色为主的高原景色中显眼夺目，从而吸引雄蜂等昆虫为其传粉。

种子风为媒：植物果实的类型通常决定其传播方式。干果主要依靠自身机械力量、风力等非生物媒介进行传播。多肉的果实更多依赖哺乳动物、鸟类等生物媒介进行传播。高山环境的哺乳动物和鸟类数量相比低海拔地区稀少，因此高山植物的果实多为干果，且蒴果比例较高，具有种子数量多、重量轻，便于靠风传播等特性。如马尿脬充气且膨大的球形蒴果在成熟后便会脱落，并随风滚动，以传播到更远的地方。

1. 杨扬，孙航. 高山和极地植物功能生态学研究进展. 云南植物研究，2006, 28 (1) : 43~ 53.

匍匐式求生

垫状点地梅，株形为半球形的坚实垫状体，能有效地抵御强风。

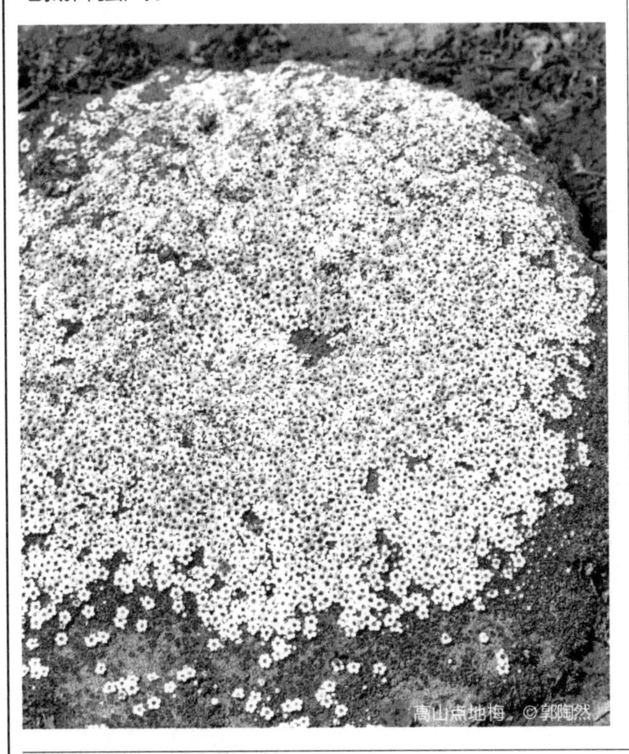
高山点地梅 ©郭陶然

发达的根系

为吸收更多的水分，很多高原植物形成了异常发达的根系，如沙蒿的根系长达地上部分的10倍左右。

高寒灌丛 ©WIKI

艳丽的花朵

密生波罗花紫红色的花冠在高原黄褐色的基调上十分显眼，从而能更好地吸引昆虫。

密生波罗花 ©郭陶然

种子的传播

马尿脬充气膨大的球形蒴果在成熟后就会脱落，在随风滚动的过程中撒播种子。

马尿脬 ©郭陶然

高原上垫状点地梅常与其他植物共生　©李友崇

匍匐的拓疆先锋

在黄河源区4200米以上的高原草原或草甸，尤其是平缓的山坡或河谷中，可以发现一些匍地而生、高不过10厘米的垫状植物。它们普遍矮小，众多分枝交织抱团，排列成流线型的垫状体，呈半球状倒覆贴于地表，在高原极端环境下形成了地上芽多年生草本植物的特殊形态。

高原上的低矮植株和圆形轮廓，是对狂风的适应，而密集的绒毛是对寒冷气候的适应。垫状植物是这类适应性特点的集大成者。为了适应高原寒冷的气候，垫状植物的叶片通常缩成鳞片状、针状或极小的叶片覆于表面，即便枯掉的叶子，也会留在细枝间充作填充物，以起到为生长点和越冬芽保温的作用。白天，它们大量吸收太阳辐射，垫状球形结构具有散热较慢、体内水分蒸腾较少的特点，从而达成保水和保留热量的目的。研究表明，在高原上，垫子内部的温度可高出外界气温20多摄氏度，形成有利植物生长的微环境。垫状植物的主根多粗大，深入地下，保证地上部分有足够的水分和养分供应。

在黄河源区的垫状植被中，分布较为广泛的一种是垫状点地梅，这种属于报春花科而略带木质化的植物，分布在海拔4500至5200米的砾石山坡上，远远望去呈一个半球形的坚实垫状体，紧密而扎实地覆盖着岩石生长，即便是铁锨都不易砍入。它的叶丛没有直立茎，而是数个叶丛由根状茎连在一起，这样的茎被称为“根出短枝”。

每当高原短暂的夏季来临，垫状点地梅上会开满密集的花朵。在高原上，一株植物上同时开放的花朵越多，越容易招引昆虫。点地梅的花冠保留时间较长，如果你仔细观察会发现，其花冠中心的花喉大多为粉红色，少量是淡黄色。这是点地梅为适应蝇类传粉的生存机制。蝇类的视觉更倾向于偏爱黄绿色但对红色不敏感，开花的过程中，它保留旧花冠并部分变成红色，而未授粉的部分保持黄色花心，利用颜色的差异引导传粉昆虫到新绽放、活力旺盛的花上，以达成其传粉的目的。

高原植被大多生长缓慢，对垫状点地梅来说，每年的生长期仅有短暂夏季的4~8周，植株高度年均增量仅有2毫米左右。当你看到几十平方厘米的垫状点地梅可能觉得很不起眼，实际上它们可能已经生长了几十年甚至上百年。

对高寒地区的植被来说，垫状植物具有特殊的生态价值，其中重要的一点是其特有植株形态可以帮助留住土壤中的水分和热量。研究发现，垫子内部的温度最高可以比外界气温高出约20度；[1] 即使干旱时期，垫子内部总能保持湿润。据研究报道，某些垫状植物能改变周围土壤的微生物群落。这些特性让垫状植物在极端生境下更易存活，成为高原生态系统中的先锋植物，从而庇护其他植物的生长。在黄河源区的垫状点地梅周边，你经常能看到西藏报春（*Primula tibetica*）、狭叶圆穗蓼（*Polygonum macrophyllum var. stenophyllum*）和展毛银莲花（*Anemone demissa*）与之共生的现象。

1. 杨扬，孙航. 高山和极地植物功能生态学研究进展. 云南植物研究，2006，28（1）：43~ 53.

点地梅属

点地梅属是报春花科的第二大属，在全世界大约有110个种，其中大多数都生活在中国西南的高海拔地区，演化出了很高的形态多样性，是高原花卉中的一个重要看点。这种植物在北极高寒地区也有分布，但在青藏高原上最为丰富，这里是它的发源地。

垫状点地梅 *Androsace tapete*

报春花科点地梅属，多年生草木

生长海拔：3500~5000 米

生长环境：砾石山坡、河谷阶地和平缓山顶

垫状点地梅 ©魏羚峰

在黄河源区4200米以上的高原草原或草甸上，尤其是平缓的山坡或河谷中，均可以发现一些匍地而生、高不过10厘米的垫状植物，其中最常见的就是垫状点地梅。由于生长在高寒地带，它们紧紧地挨在一起挤暖，所以吸热多、散热慢。且个头也差不多高，才不会被“风吹出头鸟”，从而抵御强风。

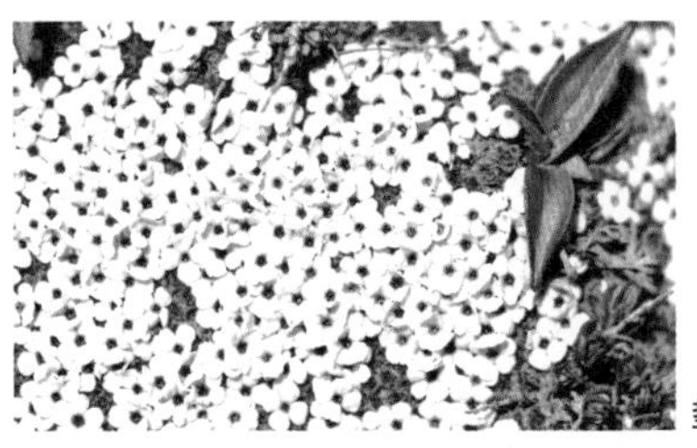
垫状点地梅 ©魏羚峰

点地梅是蝇类传粉植物，因为蝇类更喜欢黄绿色而对红色不敏感，于是点地梅在开花的过程中，把旧花冠留下来并部分变成红色，而未授粉的则保持黄色花心，从而利用花之间颜色的差异引导蝇类到那些刚开而活力旺盛的花上。

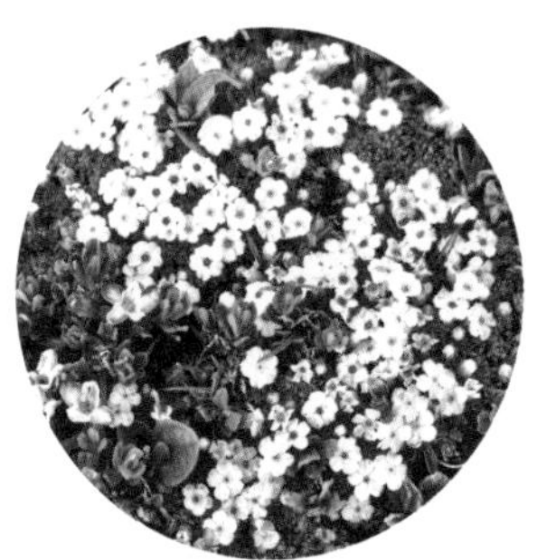
垫状点地梅 ©李友崇

矮的植株和圆滑的轮廓是对狂风的适应，密集的绒毛是对寒冷的适应。垫状植物特有的植株形态可以留住水分和热量。垫子内部的温度可以比外界气温高出20多度。

高原点地梅 *Androsace zambalensis*

报春花科点地梅属，多年生草本

生长海拔：3600~5000米

生长环境：湿润石砾草甸、沼泽草甸、湿地

高原点地梅 ©于现荣

高原点地梅是开春早或者晚的标志，冰雪融化后，当人们看到碎石堆里绽放出成百上千的细小花朵，形成大片鲜艳的色块，便知道，开春第一场雨该下了。在藏民的生活中，这种类似羊羔花的双子叶植物被称作“阿然曲通”，藏医将它用于治疗关节痛和除湿利尿。

花期（▼6、7）
果期（▲7、8）
1 2 3 4 5 6 7 8 9 10 11 12

西藏点地梅 *Androsace mariae*

报春花科点地梅属，多年生草本

生长海拔：1800~4000米

生长环境：山坡草地、林缘和砂石地上

西藏点地梅 ©郭陶然

西藏点地梅的个头极小，但是耐贫瘠干旱，在华北西部的高原和草原上，它是较为常见的种类。主根木质，具少数支根。根出条短，叶丛叠生其上，形成密丛；有时根出条伸长，叶丛间有明显的间距，成为疏丛。花冠粉红色，直径5~7毫米，裂片楔状倒卵形，先端略呈波状。

花期（▼5、6）
果期（▲7、8）
1 2 3 4 5 6 7 8 9 10 11 12

高原之花的进化

不丹的国花，许巍歌中的“蓝莲花”，藏族寺庙里的白度母、绿度母手持的花朵，都是绿绒蒿。这种高原植物姿态挺立，花形华丽美艳，相比大多数高原植物被迫演化成贴地匍匐状求生存的形态，是很有个性的“少数派”。多刺绿绒蒿是黄河源区常见的绿绒蒿之一，因茎上遍布柔长绒毛而得名。其叶通常贴地而生，甚至掩藏在砾石缝之间，以达到躲避风吹的效果。

在青藏高原的四大名花龙胆花、杜鹃花、报春花和绿绒蒿中，绿绒蒿的地理分布研究认为，它们是见证青藏高原隆起历程的一类典型的植物。随着青藏高原的隆起，绿绒蒿的分布范围也逐渐向着高山抬升的方向迁移而去，并随着海拔的提升不断进化并适应改变的自然条件，形成地理分布上连续变化的不同类群：相对原始的类群分布在低海拔，需要更加温暖潮湿的环境；相对较为进化的类群则偏向于高原高海拔分布，生出浓密坚硬的绒毛，以增强耐寒抗旱的能力。按《中国植物志》的记载，绿绒蒿属共49种，除1种产于西欧，其余48种分布在亚洲温带的中南部，其中分布在中国的绿绒蒿占到38种。因此，中国西南和喜马拉雅地区是当之无愧的世界绿绒蒿属的分布中心。[1]

作为高原地区的物种，多刺绿绒蒿的形态和习性深受高原气候和传粉昆虫的影响，典型的特征之一就是下垂的花朵。高原环境下，天气通常变化很快，风霜雨雪阴晴不定，再加上强烈的紫外线照射，如果直接“素面朝天”的话，对于精密而脆弱的生殖结构（雌雄蕊）无异于增加了损伤的风险。铃铛形的花冠埋头朝下，既让雌雄蕊保持相对干燥的状态，又能为传粉昆虫提供一个微小的庇护环境，可谓一举两得。

在藏民的生活中，有这种花的地方，水就是洁净的。它也被藏族人认为是可以入药的植物。藏药里的多刺绿绒蒿称作“刺儿恩”。著名藏族药学家帝玛尔·丹增彭措所著的《晶珠本草》记载：“险峰生达尔亚干，花蓝色有光泽，叶被刺，深裂，为刺绿绒蒿……才温味苦，可清骨中之热，为治头骨创伤最有疗效之药。”如今，野生多刺绿绒蒿已十分稀少。

1. 吉田外司夫. 高处生长的智慧. 森林与人类, 2016, 4：56~65.
2. 杨福生. 花儿为什么这样蓝. 森林与人类, 2016, 4：44~55.

绿绒蒿属

绿绒蒿在青藏高原及周边的分布格局离不开喜马拉雅周边的地质背景，伴随青藏高原隆升和喜马拉雅造山运动，区域气候条件发生剧烈变化，生境的改变继而影响了植被的变化，从而触动物种快速演化；加之，地质时期此地受冰期影响较小，物种保存完整，最终让青藏高原成为绿绒蒿属的分布及多样化中心。

多刺绿绒蒿 *Meconopsis horridula*

罂粟科绿绒蒿属，一年生草本

生长海拔：3600~5100 米

生长环境：草坡、流石坡

多刺绿绒蒿生长环境恶劣，常常生长在海拔4000~5500米的高山上，是绿绒蒿属分布海拔最高的种类——肉质的叶片和肥厚的主根使它可以忍受干旱和低温，它甚至可以生长在自然条件更严酷的东向山脊石坡上。

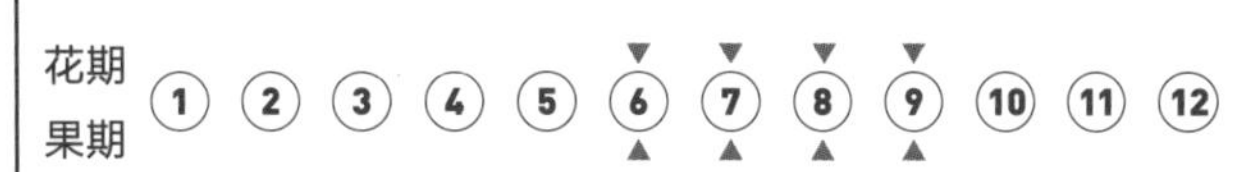

因为茎上长满了柔长的绒毛，因此获得了“绿绒蒿”这一雅称。

绿绒蒿属俯垂的花朵，可以减少雨水和紫外线对花粉的损伤，是对环境及传粉昆虫的适应。

蓝色在花的世界里并不常见，而绿绒蒿属植物正是因为不同寻常的天蓝色花瓣而闻名于世。生长在不同土壤环境中的植株，以及同一朵花的不同时期，花色也会发生变化。[2]

全缘叶绿绒蒿 *Meconopsis integrifolia*

罂粟科绿绒蒿属，多年生草本

生长海拔：2700~5100 米

生长环境：草坡

全体被锈色和金黄色平展或反曲、具多短分枝的长柔毛。主根粗约1厘米。茎粗壮，高达150厘米，粗达2厘米。种子近肾形，长1~1.5毫米，宽约0.5毫米，种皮具明显的纵条纹及蜂窝状孔穴。

花期 果期 ① ② ③ ④ ⑤ ⑥ ⑦ ⑧ ⑨ ⑩ ⑪ ⑫

总状绿绒蒿 *Meconopsis racemosa*

罂粟科绿绒蒿属，一年生草本，中国特有

生长海拔：3000~4600 米

生长环境：草坡、石坡

具有清热解毒、止痛之功效，在藏药中用于治疗头骨的创伤。

花期 果期 ① ② ③ ④ ⑤ ⑥ ⑦ ⑧ ⑨ ⑩ ⑪ ⑫

脆弱的草场

游牧民族逐水草而居，牧草的质量和数量事关黄河源区游牧民族生产、生活，牧草的种类、不同牲畜的取食偏好，因此一直被关注、研究、分析和总结。

中华人民共和国成立后，加强了对牧草的科学研究。目前发现的黄河源区较主要的牧草（或饲用植物）有100多种，主要包括莎草科、禾本科、蓼科、豆科、菊科等植物。牧草植物具有适口性强、营养价值高、产量高、耐牧性强等特点，常见优良的牧草包括莎草科的小嵩草、禾本科的紫花针茅、蓼科的珠芽蓼、豆科的斜升黄芪、菊科的风毛菊等。豆科的黄花棘豆、甘肃棘豆、镰荚棘豆及毛茛科的铁棒锤、玄参科的甘肃马先蒿、瑞香科的狼毒等多种植物分布数量虽多，却是草场上的“毒杂草”，为各类牲畜拒食，或仅在冬季粮食短缺的情况下采食其干枯植株。

近年来，三江源的众多地区出现的不同程度的草场退化已经成为突出的生态问题。高原的土层稀薄，植物生长受到气温、水分等多种因素的限制，生态环境极为脆弱。一旦出现退化，恢复相当困难。退化草场会呈现出牧草减少、毒杂草比例上升的现象，牲畜和野生动物继续取食牧草而拒食毒草，导致毒草大量蔓延，形成恶性循环。严重退化的草场上，植被多以一二年生有毒杂草为主。部分地区的草场更是严重退化为毫无利用价值的次生裸地“黑土滩”。

草场退化的原因是多方面的，既有自然因素也有人为因素。自然因素包括风、水侵蚀、冻融剥离、气候变暖等；人为因素包括草地长期过度放牧、垦荒、弃耕及滥采滥挖等。此外，黄河源区的常见高原鼠兔、高原鼢鼠等啮齿类动物的大量蔓延也是草场面临的直接威胁。曾经的草原鼠害防治主要依靠化学药物灭杀。化学药物灭鼠虽见效快，但极易反弹。另外，鼠兔是高原生态系统食物链的重要基础物种，它们是大多数食肉类消费者和顶级消费者的主要食物来源。化学灭鼠的方法可能使鼠类天敌二次中毒，造成食物链断裂和对上层生物的连带影响，严重破坏草原生态系统平衡。

目前许多科学家正针对高原草场退化问题进行研究。近年来，设置人工招鹰架，吸引猛禽筑巢繁殖成为黄河源区的生物防治方法之一。监测和研究发现对控制鼠害效果明显。

此外，人们也需要重新认识草场退化问题，纠正“毒杂草”危害了草原环境、需要进行清除的旧观念。这种认知，其实是将人类活动导致的问题归咎于无辜的植物。人类出现以前，这些所谓的“杂草”就广泛分布。而所谓“毒草”，只是针对不利于牲畜取食而言，它们同样是草原生态系统的一部分。毒杂草数量增多，原因往往是人类的畜牧业生产对可食牧草的过度消耗，严重影响了此类植物的自然更替，造成草原植被退行性演替的结果，是因循着环境恶化，植物种类发生了相应变化的结果，更是自然界给我们的警示。希望未来的科学探索能继续为草场创造有效的、安全的治理成果。

密生波罗花 *Incarvillea compacta*

紫葳科角蒿属，多年生草本，中国特有植物

生长海拔：2600~4100 米

生长环境：空旷石砾山坡及垫状灌丛中

密生波罗花 ©郭陶然

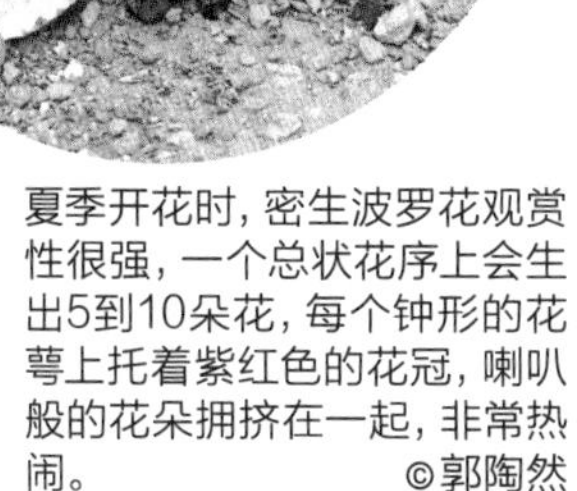

夏季开花时，密生波罗花观赏性很强，一个总状花序上会生出5到10朵花，每个钟形的花萼上托着紫红色的花冠，喇叭般的花朵拥挤在一起，非常热闹。 ©郭陶然

尚未开花的密生波罗花 ©郭陶然

喜光，耐寒，耐瘠薄。根肉质，圆锥状。叶为1回羽状复叶，聚生于茎基部，侧生2~6对，卵形小叶。总状花序密集，聚生于茎顶端，花萼钟状，绿色或紫红色，具深紫色斑点。蒴果长披针形，两端尖。

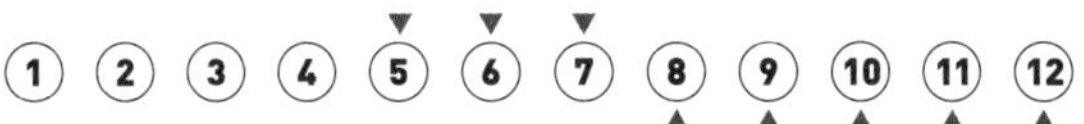

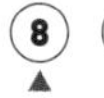

	1	2	3	4	5	6	7	8	9	10	11	12
花期					▼	▼	▼					
果期								▲	▲	▲	▲	▲

密生波罗花的花、种子、根均可入药，清热燥湿，祛风止痛，多用于胃脘痛和高血压等病症。 ©郭陶然

大花龙胆 *Gentiana szechenyii*

龙胆科龙胆属，多年生草本，中国特有植物

生长海拔：3000~4800 米

生长环境：山坡草地

大花龙胆 ©冶青林

龙胆株形不大，在高原上看起来不起眼，开出的花朵蓝得耀眼。

大花龙胆 ©冶青林

龙胆花是地球上最古老的植物之一，被植物学家誉为“植物活化石”。龙胆花大部分是矮小贴地丛生，花生于枝上顶端，呈古钟形或漏斗形，多为青绿色、蓝色或淡青色。大花龙胆基部被枯存的膜质叶鞘包围。主根粗大，短缩，圆柱形，具多数略肉质的须根。花枝数个丛生，较短，斜升，黄绿色，光滑。种子深褐色，矩圆形，长1~1.2毫米，表面具浅蜂窝状网隙。

	1	2	3	4	5	6	7	8	9	10	11	12
花期						▼	▼	▼	▼	▼	▼	
果期						▲	▲	▲	▲	▲	▲	

龙胆拥有粗壮的根状茎，向下伸出肉质长根，其中含有的龙胆苦苷，味道极苦，不知道古人是不是因为这个叫它龙“胆”。

藏药中的植物

被视为黄河流域文明起源地的黄河源，一切似乎都被赋予了生命的灵性。野生植物被当地人世代研究，并通过亲身体验逐步建立对其的完整认知。日积月累，逐步形成了具有地域特色的植物保护与有效利用的系统理念，更融入到日常生活和宗教文化中，最终诞生了独特的医药体系——藏药及其医学智慧。

黄河源的许多野生植物都具有一定的药用价值。据统计，有两千多种药用植物和特性收录于《四部医典》《晶珠本草》《药名之海》等藏药古籍中，其中包含冬虫夏草、雪莲、红景天等已广为人知的保健药品。在历史上，藏药已经成为黄河源区人们生活中不可或缺的一部分。今天，它也作为一种当地特有的自然资源，给当地社区的老百姓带来过一定的收益，但在商业利益裹挟下，一些传统知识被误读、夸大，甚至歪曲，传统药用植物的功效被盲目放大或离奇神化，致使出现在商业利益诱导下乱采滥挖的现象，并造成资源快速衰退，有的甚至已经濒临消失。

高山植物依靠千百万年的进化得以在极端环境中生存繁衍，它们看似坚韧，实则脆弱。例如，雪莲（*Saussurea* spp.）为了适应青藏高原的极端环境，种子只能在特定的环境下萌发和生长。一年中开花结果的周期很短，生长周期却需要5~6年。如果人们采摘地上的成熟部分，不伤及根部，来年地上部分会重新萌发出新的植株。如果在采摘时连根拔起，且正处于其开花结果的阶段，这种毁灭性的采集方式可能导致种群在此消失。

过度采集开发还会引发生态系统的退化问题。例如采挖冬虫夏草，破坏草场植被引发的地表植被破坏甚至草场沙化，这些生态退化的问题如果无法解决，会反过来影响来年甚至一段时间内可获得的冬虫夏草资源的数量。也因此只有做好整个生态系统，特别是完整植被的保护，才有可能实现对具有经济价值的植物资源的可持续利用。因商业利益驱动导致一个物种濒危甚至灭绝的案例，在世界上任何一个地方都不鲜见。要研究、发展当地传统文化中以藏药为代表的宝贵民族财富，科学合理地可持续采集或种植才是令民族瑰宝走向世界、长远发展的关键所在。

水母雪兔子，当地人又称作藏药雪莲 ©扎江

4.3 与高原生灵相遇

当你深入黄河源区，看似冷寂无边的高原，不时会有野生动物的踪影出现。在黄河源区，生活着哪些独具特色的代表性动物？它们又是如何与高原独特的环境相适应？对野生动物来说，选择高原作为栖息地的原因又在哪里？以下章节将为你一一解答。

高原上的动物

与高原植物类似，高原上的动物同样演化出了与环境相适应的身体结构及行为方式。除了适应严寒、干旱、强风、暴雪等严苛的气候条件，高原动物还需要适应高海拔地区的缺氧环境，以及在空旷的缺乏乔木等植被隐蔽的环境中，躲避天敌并生存繁衍。因此，当人类在高原环境中出现各种不适症状时，这些千百年来在此生存的野生动物，却早已适应了这里的特殊环境，展现出盎然生机，甚至奔跑自在。

研究发现，高原生物往往具有相比平原地区同类生物更强大的心脏，且肺部具有数量多、体积小的肺泡以及密集的毛细血管，以便于在低氧环境中仍能有效地进行氧气的运输和交换。厚实的皮毛和褐色脂肪（动物体内一种主要储存中小型脂肪滴的脂肪细胞，可以产生身体所需的热能）则是高原动物在寒冷环境中的一项御寒利器。复杂的洞穴系统及皮毛伪装帮助高原动物在缺少遮蔽的高原上逃避天敌的捕食；但与此对应的是，一些捕食者也发展出了“守株待兔”式的捕食策略。

抗寒：不同的动物适应高原严寒的方式各不相同。厚实的皮毛和脂肪是高原动物在低温中保暖的主要方式之一，从高原鼠兔到野牦牛都拥有厚实的毛皮；对于既不冬眠也不储存食物的高原鼠兔来说，夏季的时候通过摄食大量的植物果实以积累更多脂肪，并在冬季尽量减少活动消耗以确保这件厚实的皮大衣可以提供整个漫长冬季的保护；而作为变温动物的青海沙蜥会随着海拔的增加而改变其腹面颜色，由黄白色逐渐加深为黑褐色，研究认为这可能是该物种吸收地表辐射获得热量的一种适应性特征。

呼吸：为适应高原低氧环境，高原哺乳动物心肺系统与低海拔近缘物种相比，其心脏普遍增大，左心室壁增厚，毛细血管密度增大以及相邻肺泡间的肺泡隔内毛细血管密度也同样增加。如野牦牛与黄牛相比，心脏重量和体积相对更大，肺泡体积小、数量多且单位面积毛细血管数量丰富，这都有利于提高氧气的运输及换气效率。

能量代谢：在强度较大的运动过程中，骨骼肌需要消耗大量能量。高原动物通过增加肌细胞的氧气供给或改变能量代谢方式来解决供能问题。某些高原动物通过增加骨骼肌中的毛细血管密度，缩短氧气扩散的距离来增加氧气供给。如在高原上生活的斑头雁，骨骼肌中的毛细血管密度显著高于在低海拔生活的北京鸭；通过增加肌细胞中肌红蛋白（在肌细胞中负责储存和分配氧的蛋白质）的数量，增强肌细胞获取氧气能力可实现增加氧气的供给；如高原鼢鼠的骨骼肌主要由红肌纤维组成，且肌细胞中线粒体数量较多，其能量代谢以有氧呼吸为主；而高原鼠兔的骨骼肌主要由白肌纤维组成，其骨骼肌主要靠糖酵解的方式供能。

捕食者与猎物：捕食与逃脱是食物链上永恒的主题，作为猎物的小型哺乳类多通过与环境相似的皮毛伪装或穴居来逃避捕食，高原鼠兔、喜马拉雅旱獭等通过与高原生境相似的体色伪装和穴居逃避天敌的捕食；而作为捕食者，由于草原空旷的环境易于发现猎物，大鵟等猛禽发展出了“守株待兔”式的捕食策略，以减少能量消耗。

褐背地鸦的觅巢方式

褐背地鸦经常出没于旱獭、鼠兔废弃的洞穴中，利用这些洞穴作为繁殖和躲避天敌以及恶劣天气的场所。通过这种方式适应高原的特殊环境，褐背地鸦成功地成为青藏高原鸟类中的“土著留鸟”。

野牦牛 Wild Yak (*Bos mutus*)

偶蹄目牛科牦牛属

VU
易危

形态特征：野牦牛是青藏高原上的特有牛种，属于典型的高寒动物。它体形笨重、粗壮，由于肩部中央有显著凸起的隆肉，故站立时显得前高后低。为了支持它巨大的体形，野牦牛每天大部分时间都在摄食，食物以针茅、薹草、莎草、嵩草等高山寒漠植物为主。

栖息环境及习性：野牦牛通常栖息于海拔3000~6000米的高山草甸地带，活动于雪线下缘。由于具有耐寒、耐饥、耐渴的本领，野牦牛对高山草原环境条件有很强的适应性，所以在很多野生有蹄类和家畜难以利用和到达的灌木林地、高山草场，都能看到它的身影。在严寒的冬季，由于植物被冰雪覆盖，野牦牛还会进行短距离的迁移。

平均身高
2~2.6m

平均体重
500~600kg

繁殖期
6~7月产崽

野牦牛通常
20~30
头在草原上游荡、觅食；有时也会结成
200~300
头的大群活动，据说为了保护牛犊。

颈部、胸部和腹部的长毛几乎下垂到地面，可以遮风挡雨，更适于爬冰卧雪。

野牦牛的舌头上长有肉刺，可以长期以垫状植物为食，因而成为特别耐粗食的物种。

野牦牛的气管与狗的气管相类似，能够适应频速呼吸，因此可以适应海拔高、气压低、含氧量少的高山草原大气条件。

足掌上有柔软的角质，可以减缓其身体向下滑动的速度和冲力，使野牦牛在陡峻的高山上行走自如。

白唇鹿 White-lipped Deer (*Cervus albirostris*)

偶蹄目鹿科鹿属，别名黄鹿、白鼻鹿、扁角鹿

易危

形态特征：白唇鹿是现今分布海拔最高的鹿科动物，体形大而粗壮，通体被毛十分厚密，毛皮灰褐色，从头顶到背部有一条深色脊线，腹部及四肢内侧灰白色，尾短。因为在臀部尾巴周围有黄色斑块，当地人也称它为“黄臀鹿”。

栖息环境及习性：白唇鹿是在青藏高原独特的环境下经自然选择而演化形成的特有种，祖先是上新世早期（约500万年前）从华北地区迁徙而来的黑鹿。作为一种典型的高寒动物，白唇鹿主要栖息在海拔3000~5000米的高原上，以禾本科和莎草科植物为食。由于对生存环境高度适应，白唇鹿的分布十分狭窄，而且在青藏高原上呈岛状分布。

平均身高

1.1~2.0m

平均体重

162~230kg

繁殖期

6~7月产崽

成年雄鹿角非常扁平而向上，因此也被当地人称为“扁角鹿”。
虽然没有绒毛层，也没有厚厚的脂肪，但全身异常发达的针毛，粗且髓质指数很高，是白唇鹿在高寒地区得以生存的最重要保暖装备。
白唇鹿的上、下嘴唇，吻周及下颌的毛色皆是纯白色，犹如戴了一个白色口罩，所以被称为白唇鹿。
和其他适应平原生活的鹿类相比，白唇鹿体内的红细胞数和血红蛋白含量随海拔的升高而增多，可以运输大量的氧气。

西藏野驴 *Kiang* （*Equus kiang*）

LC
无危

奇蹄目马科马属，三江源唯一的奇蹄目兽类

形态特征：分布于青藏高原海拔3600~5400米的地区，是所有野生驴中体形最大的一种，平均肩高为140厘米。背毛呈胡桃褐色，到夏末红色增加，四肢、腹部白色，一条深色背中线从鬃毛延伸到尾端，耳端黑色，蹄端具黑色窄带。

栖息环境及习性：栖息于青藏高原的开阔地带，主要吃针茅属草类。西藏野驴为国家一级保护动物。西藏野驴有随季节短距离迁移的习性。每天要游荡好几十公里的路程。在野驴经常活动的草地上会留下特有的“驴径”。驴径宽约20厘米，纵横交错地伸向各处。

平均身高
1.8~2.1m

平均体重
250~400kg

繁殖期
6~7月产崽

西藏野驴的听觉、嗅觉、视觉均很灵敏，能察觉距离自己数百米外的情况。
极耐干旱，可以数日不饮水。
四肢较粗，且前肢内侧均有圆形胼胝体，俗称“夜眼”，蹄较窄而高，擅长奔跑。
在干旱的环境中会找到合适的地方用蹄刨坑挖出水来饮用，还可以供藏羚等有蹄类动物饮水，当地牧民称之为“驴井”。

中华对角羚 *Przewalski's Gazelle* (*Procapra przewalskii*)

偶蹄目牛科原羚属，又名普氏原羚、滩黄羊

EN 濒危

形态特征： 体形中等，较矮壮。毛沙褐色，腹面白色，白色的臀斑被一条深色的中线分成两块。雄性的角向后弯曲，两角在向上生长前向两侧分开，角的尖端又相互靠近。

栖息环境及习性： 栖息于高海拔的干草原地带、开阔谷地、沙丘、湿地、草原等，主要取食禾本科草类，也取食少量的对多数家畜有毒的植物，如豆科黄芪属植物。中华对角羚曾广泛分布于青海北部及内蒙古，现仅分布于青海湖边，为国家一级保护动物，几乎是最濒危的偶蹄类动物。

平均身高
1.0~1.1m

平均体重
20~30kg

繁殖期
6~7月产崽

雄性中华对角羚有短粗的角，成对角的角尖明显向内侧勾曲。
中华对角羚只栖息于平缓的山间盆地和湖周一带，活动范围小而固定，决不上山或远逃其他生活环境中。
从后方看，臀部有一块明显的大白斑，而棕色的羊尾镶嵌其间显得特别鲜明。

盘羊 *Argali* (*Ovis ammon*)

近危

偶蹄目牛科盘羊属动物，又名大头羊、大角羊

形态特征：体形最大的一种绵羊。毛灰褐色，胸部发黄，腹面、四肢下段及臀斑白色。雄羊角巨大，长度和粗度随年龄增长而增大。雌羊体小，体重约为雄羊的1/3；角小很多，仅略微弯曲。

栖息环境及习性：栖息于海拔3000~5000米的高山草地，冬季迁至较低处；取食草类和地衣，在与岩羊同域分布地区喜占据非禾本科草类占优势的群落，而岩羊喜欢占据禾本科占优势的群落。冬季栖息环境积雪深厚时，它们则从高处迁至低山谷地生活，有季节性的垂直迁徙习性。

平均身高

1.2~2.0m

平均体重

65~185kg

繁殖期

5~6月产崽

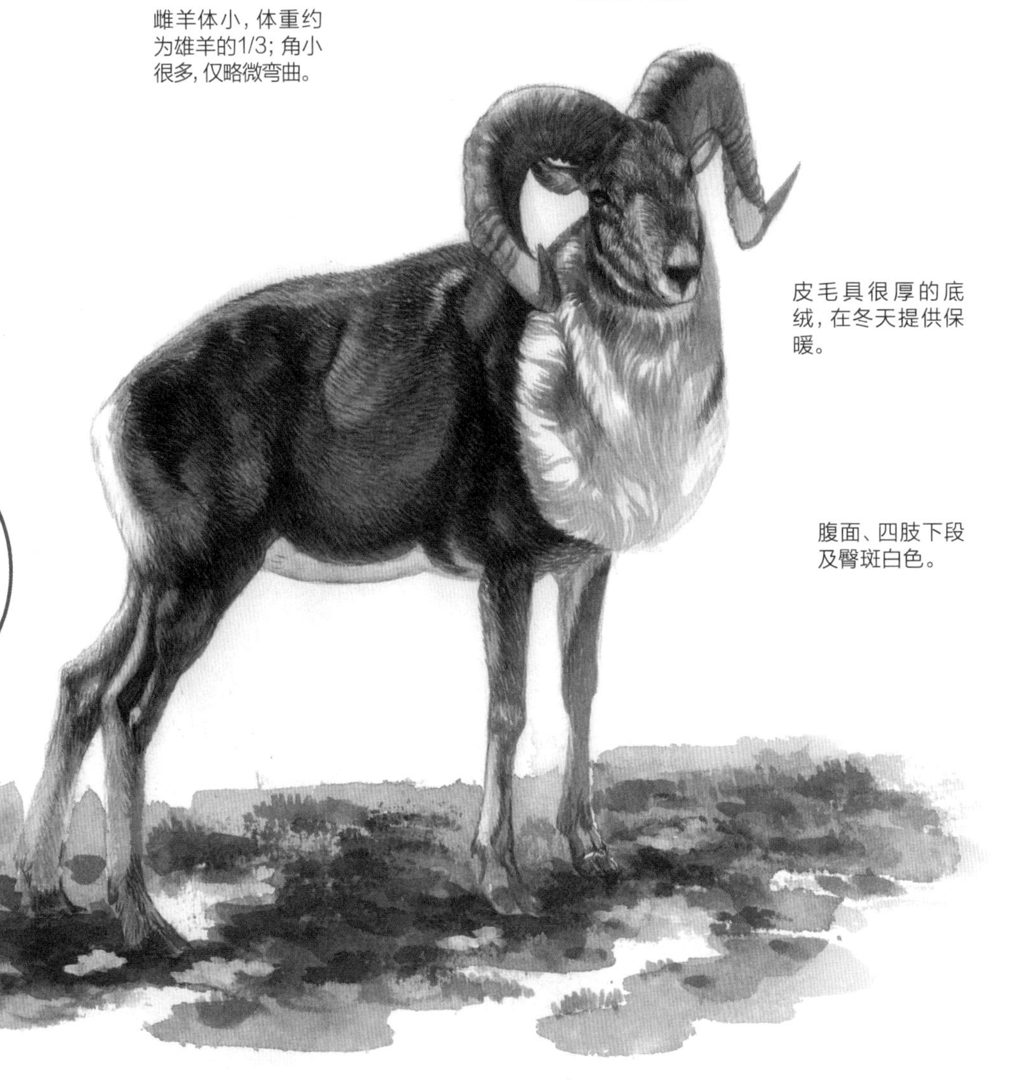

雄羊角巨大，具有粗大环纹和宽阔的基部，长度和粗度随年龄增长而增大，向下和向前弯曲超过360度。
雌羊体小，体重约为雄羊的1/3；角小很多，仅略微弯曲。
皮毛具很厚的底绒，在冬天提供保暖。
腹面、四肢下段及臀斑白色。
群聚动物，在发情期外雄羊和雌羊各自形成约5~10头羊组成的群。

岩羊 *Blue Sheep* (*Pseudois nayaur*)

近危

偶蹄目牛科岩羊属动物，又名喜马拉雅蓝羊

形态特征： 毛背部灰褐色，腹部和四肢内侧白色，四肢外侧具黑色条纹。角圆而光滑，角向后弯曲越过颈部后向外扭转，向外侧张开很宽。雌羊体形和角均较小。

栖息环境及习性： 栖息于海拔2500~5000米的开阔多草的山坡，在高山草甸草类繁茂的陡坡上觅食，以禾本科草类、高山杂草和地衣为食。岩羊是雪豹的主要食物，群居的岩羊，通常有布哨监视主要捕食者雪豹的行为。

平均身高
1.2~1.4m

平均体重
65~70kg

繁殖期
6~7月产崽

雄羊角巨大，长度为60厘米左右，粗大似牛角，但仅微向下后上方弯曲。
雌羊的角很短，仅有13厘米左右。
在悬崖峭壁只要有一脚之棱，便能攀登上去。一跳可达两三米，若从高处向下更能纵身一跃10多米而不致摔伤。

藏原羚 Tibetan Gazelle (*Procapra picticaudata*)

偶蹄目牛科原羚属动物，又名西藏瞪羚

NT
近危

形态特征：小而矮壮的羚羊，皮毛灰褐色，腹面和臀斑白色。脸部无明显斑纹，体侧不具条纹。尾小呈黑色，毛蓬松；受惊时，尾竖立。雄性粗大横脊的角近乎平行，角先向上生长，然后向后伸展。

栖息环境及习性：典型的高山寒漠动物，栖息于海拔300~5750米之间的高山草甸、亚高山草原草甸及高山荒漠地带。主要以莎草科和禾本科植物及绿绒蒿等草类为食，清晨、傍晚为主要的摄食时间，同时也常到湖边、山溪饮水，在食物条件差的冬春季节，则白天大部分时间在进行觅食活动。

平均身高
0.9~1.1m

平均体重
13~16kg

繁殖期
7~8月产崽

雄体有一对镰刀状细角，雌体无角。
“白屁股、黑尾尖”，大而呈心形的臀斑是分辨藏原羚的重要特征。
藏原羚以低密度、成小群的方式广布于整个青藏高原。

雪豹 Snow Leopard (*Panthera uncia*)

食肉目猫科豹属动物，又名草豹、艾叶豹

VU 易危

形态特征：基本毛色为一致的浅灰色，具有黑色的环或斑纹。毛色变化大，以灰黑色与白色嵌合最为常见。腹部白色。头部和颈部为实心斑点，身体上呈现为不规则的圆环。在背部，斑点连接在一起形成由颈部到尾基部的两条黑色纹线。眼睛在猫科动物中较独特，虹膜浅绿色或浅灰色。尾非常长且粗，不短于体长的75%。

栖息环境及习性：常见于高山地区，喜欢悬崖峭壁、岩石裸露和断裂地形，且地形坡度超过40度，捕食鼠兔、野兔、野山羊、野绵羊和雉鸡类，尤其喜欢捕食岩羊和北山羊。

平均身高
1.1~1.3m

平均体重
50~80kg

繁殖期
4~6月产崽

雪豹的虹膜浅绿色或浅灰色，强光照射下会缩为圆状。
身体粗壮、毛厚、耳小，这些特征都有助于减少身体热量散发。
长而粗大的尾巴（约为体长3/4）帮助雪豹在山地攀爬和快速奔跑时保持平衡，还可以为它在寒冷的环境睡觉时盖住口鼻保温。
雪豹的鼻腔较大，是为了使吸入的冷空气温暖。
大且披毛的足部可以分散体重在雪地上的压力，还可以增加在陡峭或不稳定雪面的摩擦力。也能减少从脚掌散失的体热。

西藏棕熊 Brown Bear (*Ursus arctos pruinosus*)

食肉目熊科熊属，别名藏马熊、马熊

无危

©李理

形态特征：西藏棕熊是青藏高原特有的棕熊亚种，生活在海拔3500~5000米的高寒灌丛及高寒草甸、草原等生境，是世界上数量最稀少的棕熊亚种之一。西藏棕熊身体粗健强壮，成体身长可达2米。肩高超过臀高，站立时肩部隆起。

栖息环境及习性：为了适应高原极端环境，不同于低海拔地区棕熊的杂食习性，西藏棕熊以捕食高原鼠兔及采食藏羚羊、藏原羚和野牦牛尸体为主要觅食方式。在玛多县的扎陵湖、鄂陵湖一带以及昆仑山等地区，夏季常可见到棕熊寻食的痕迹，如被翻掘的鼠兔洞穴和旱獭洞穴。每年的10月底到次年4月初，大多数西藏棕熊都会选择在这一时期冬眠。

平均身高
1.8~2.1m

平均体重
200~400kg

繁殖期
1~2月产崽

在冬眠之前，西藏棕熊会大量进食，整个秋天会吃掉1200斤左右的食物，这些食物可以帮助它们增加100斤左右的脂肪，这些脂肪足以维持冬眠状态下数月间的能量消耗。

为了抵御高寒，西藏棕熊的皮毛非常厚，最薄的背部毛发厚度可以达到15厘米，体侧的毛发最长可以达到20厘米。

西藏棕熊的毛色以棕褐色为主，胸前有一个比黑熊更大的白色月牙形斑。

西藏棕熊的奔跑速度非常快，可以达到每小时56千米，所以当地人又将这种熊称为马熊。

狼 **Grey Wolf** (*Canis lupus*)

食肉目犬科狼属，别名狼胡子

无危

形态特征：狼是现生犬科动物中体形最大的物种。外形酷似大的家犬，体形中等，颜面部长，吻部较尖，耳直立，四肢细长而适应奔跑，爪钝。被毛较长而略显蓬松，尾长而粗。青藏高原上的狼以灰狼为主。

栖息环境及习性：狼的生态适应性很广，各种不同的景观和海拔地区均可见到。在青海境内，主要分布在海拔最高可达5000米以上的高山草甸、湿草甸和高山灌丛等生境。狼是少数以大型哺乳动物为食的食肉类动物，在高原地区可捕食岩羊等，也捕食小型动物如兔类和旱獭，主要捕食种群中的老弱个体；也食果实、鸟类、鱼类等。狼是社会性动物，狼群内具有严格的等级制度，由一只主雄和一只主雌占主导地位。

平均身高

1.0~1.4m

平均体重

23~30kg

繁殖期

4~5月产崽

厚重的毛有两层，外层长、粗而硬，主要用于抵御水与灰尘；内层则有极佳的保温御寒效果，可以抵御-40℃的低温。
狼的活动范围很大，一般可达50平方公里，它有固定的猎食区域。其性机警，多晨昏活动。
冬季的高原上，在空旷地方休息时，狼会将头放在后腿间，并用尾部盖住脸。
狼的脚掌可以轻易适应各种类型的地面，特别是雪地。它的足趾之间有一点蹼，使其在雪地上的行动能比猎物更为方便。

藏狐 *Tibetan Fox* (*Vulpes ferrilata*)

食肉目犬科狐属

LC
无危

形态特征：背部红褐色，腹部白色，体侧具有浅灰色宽带，与背部和腹部区分明显，下腹部淡白色到淡灰色。尾蓬松，尾长小于体长1/2，除尾尖白色外其余为灰色。

栖息环境及习性：分布于高原地带。喜独居。见于海拔2000~5000米的高山草甸、高山草原、荒漠草原和山地的半干旱到干旱地区，主要食物为鼠兔等啮齿类、鸟类和水果。

平均身高
0.6~0.7m

平均体重
4~5.5kg

繁殖期
4~5月产崽

看起来胖胖的藏狐，真实体重只有9斤左右，因为它们有一身厚实蓬松的皮毛，可以在海拔三四千米的高原地带御寒。

除非是在繁殖期，否则藏狐都是独来独往。

藏狐是狐狸家族中身材不怎么匀称的一种，头部的比例较大。

高原鼠兔 Plateau Pika (*Ochotona curzoniae*)

兔形目鼠兔科鼠兔属

LC 无危

形态特征： 高原鼠兔形态像鼠，其实是兔类。它体形较大，有一对小巧的耳朵，鼻部周围黑色。身体结实、无尾，皮毛呈棕色至浅红棕色，腹部为淡灰色。高原鼠兔栖息于海拔3000~5000米的开阔高寒草甸、草甸草原或荒漠草原，是一种严格的草食性动物。

栖息环境及习性： 在没有树甚至连低矮的灌木丛都罕见的青藏高原，为了躲避冷酷的气候和食肉动物的捕食，高原鼠兔形成了挖洞筑窝的习性，并凭此成为青藏高原草甸生态系统的关键种。几乎所有捕食者都以鼠兔为食，而它们的洞穴被多种鸟类和蜥蜴作为宿巢地。

平均身高
0.12~0.19m

平均体重
0.1~0.2kg

繁殖期
4~9月产崽

夏季是高原鼠兔繁殖的旺季，种群密度大约能达到每公顷300只，吸引了生活在青藏高原上的每一种哺乳类食肉动物前来捕捉。

化石证据显示，高原鼠兔的进化史已有3700万年的时间。

青藏高原大部分区域不生长树木，开放的草原环境很难为动物提供保护，小型动物害怕被其他肉食性动物捕食。而高原鼠兔的洞穴能够为雪雀、地鸦、鸟类、蜥蜴、小云雀、红尾鸲等动物提供栖息地和避难所。

喜马拉雅旱獭 *Himalayan Marmot* (*Marmota himalayana*)

无危

啮齿目松鼠科旱獭属，俗称雪猪、土拨鼠，藏语叫“曲齐”或“奇毕”

©韦宝玉

平均身高

0.4~0.6m

平均体重

4~10kg

繁殖期

5~7月产崽

形态特征：旱獭体形肥胖壮实，颈短头宽，耳小不显，脸上有一个黑三角，尾短而稍扁平，四肢短粗，前足四指，后足五指，指端具爪。体背褐黄色，缀满不规则的黑色散斑纹，毛色随地区和个体的不同而有所变异。旱獭在青藏高原分布很广，主要栖息于海拔2700~5000米的高山草甸、谷地灌丛和荒漠草原，也见于丘陵山岳。旱獭为群居生活，通常几个家族形成一个群体。丘陵和山地阳坡下是旱獭集聚的高密度区，最多的地方平均1平方公里就有100多只。

栖息环境及习性：旱獭具有惊人的挖掘本领。它们的洞穴结构精巧，洞穴由主洞、副洞和临时洞组成。主洞也称冬眠洞，有卧室、储藏室、便所等，深达数米，呈螺旋形下降，而且洞口多，好似一座迷宫；副洞也称夏洞，主要用于夏天活动；临时洞更简陋，主要作为紧急避敌用。

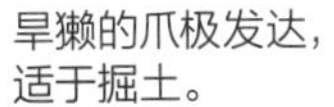

旱獭的爪极发达，适于掘土。

旱獭的视觉和听觉都极其敏锐，稍有异常情况就惊叫报警。它们主要在白天活动，夏天是它们最活跃的时期。旱獭有冬眠习性，以适应冬季食物少的环境变化，减弱肌体新陈代谢，减少消耗。它们在植物大都枯萎后入蛰，青草发芽时觉醒出蛰，同一家族的数代在一起冬眠，将洞口封闭，长达数月不吃不喝。

猎隼 Saker Falcon (*Falco cherrug*)

隼形目隼科隼属，别名猎鹰、鹞子

濒危

形态特征：猎隼是一种中等猛禽，颈背偏白，头顶浅褐。头部对比色少，眼下方具不明显黑色线条，眉纹白。上体多褐色而略具横斑，与翼尖的深褐色成对比。尾具狭窄的白色羽端。下体偏白，狭窄翼尖深色，翼下大覆羽具黑色细纹。

栖息环境及习性：猎隼通常以鸟类及小型兽类为食，多在空中捕捉，如燕、麻雀等，有时也会俯冲地面捕捉野兔等啮齿动物。猎隼通常单个活动，飞行速度较快，很少听见叫声。因为数量少，活动范围较大，通常很难发现它们的巢。

平均身高
0.42~0.6m

平均体重
0.6~1.2kg

繁殖期
3~5月育雏

猎隼俯冲捕食时的飞行速度可达每小时320公里。

大鵟 Upland Buzzard (*Buteo hemilasius*)

隼形目鹰科鵟属

无危

形态特征： 大鵟有淡色型、暗色型和中间型几种色型，其中淡色型最为常见，具有深棕色的翼缘，尾上偏白并常具横斑，腿深色，次级飞羽具清楚的深色条带。多单个或结4~5只小群活动，在空中飞翔时常作环形翱翔，叫声似“bi-yao-bi-yao”。

栖息环境及习性： 大鵟是青藏高原上最常见的猛禽，位于食物链的顶端，主要以鼠兔等啮齿动物和雉鸡等动物为食。尽管经常在开阔地觅食栖息，也经常停落在地面，但它一般在较高的岩石峭壁上筑巢繁殖，有时也利用电线杆等人工建筑物筑巢。

平均身高
0.56~0.71m

平均体重
1.3~2.1kg

繁殖期
4~5月育雏

作为啮齿类等小型哺乳动物的主要天敌，大鵟对维持草原生态平衡有重要作用。

大鵟的尾羽具6~9条淡色或暗色横斑，翅下具一大块白斑。

金雕 Golden Eagle (*Aquila chrysaetos*)

鹰形目鹰科雕属，别名鹫雕、洁白雕、红头雕

无危

形态特征：金雕是雕属中最大、最凶猛的一种鸟，以其突出的外观和敏捷有力的飞行而著名。头具金色羽冠，嘴巨大。飞行时腰部白色明显可见，尾长而圆；飞行时两翼呈浅“V”形。它飞行十分迅速，常沿着直线或圈状滑翔于高空，叫声似“pao-yiao”,或“piou-yi”。

栖息环境及习性：金雕通常在高原山地难以攀登的悬岩上营巢，主要捕食大型的鸟类和中小型兽类，如雉鸡、野兔、旱獭、鼠兔、狐等。青藏高原是金雕重要的繁殖地和迁徙越冬地。

平均身高

0.78~1.05m

平均体重

2.0~5.9kg

繁殖期

3~5月育雏

两对金雕巢与巢之间距离平均约为5千米。

翼下具一白斑，飞行时尤为明显。

贴地飞行时的速度可以达到每小时300千米。

利用敏捷和速度加上强大的脚和尖锐的爪子来捕食各种猎物。

视网膜上众多的感光细胞，使得金雕能在数百米之遥精确地确定猎物的位置。

黑颈鹤 Black-necked Crane (*Grus nigricollis*)

易危

鹤形目鹤科鹤属，别名青庄、冲虫（藏语）

形态特征：黑颈鹤为中国特有种，分布于中国的青藏高原和云贵高原地区。它的体羽呈灰白色，除了眼后和眼下方具一小白色或灰白色斑外，头的其余部分和颈的上部约2/3为黑色，故称黑颈鹤。

栖息环境及习性：作为三江源地区的夏候型大型涉禽，黑颈鹤主要以植物的叶、根茎、块茎和水藻等为食，栖息于海拔2500~5000米的高原草甸和芦苇沼泽、湖滨草甸沼泽、河谷沼泽等地带，是在高原淡水湿地生活的鹤类，也是世界上唯一在高原生长、繁衍的鹤。

平均身高

1.1~1.2m

平均体重

4~6kg

繁殖期

5~7月育雏

头顶裸露的红色皮肤，在阳光下非常鲜艳，到求偶期间更会膨胀起来，显得特别鲜红。
黑颈鹤刨食的时候很少用脚，而是用尖嘴在浅水中捕捉动物或从泥土中掘取食物。
在湿地或者湖边浅滩处休息时，黑颈鹤常一脚站立，将嘴插于背部羽毛中。
藏族人民信奉佛教，对黑颈鹤十分喜爱，称之为“仙鹤”“神鸟”，藏语中又称之为“哥塞达日子”，即“牧马人”，有高尚、纯洁、权威的意思。

赤麻鸭 Ruddy Shelduck (*Tadorna ferruginea*)

雁形目鸭科麻鸭属，别名黄鸭、黄凫

LC 无危

形态特征：在鸭科的众多鸭类中，赤麻鸭是体形较大的一种。雄鸟夏季有狭窄的黑色领圈，嘴和腿黑色，飞行时白色的翅上覆羽及铜绿色翼镜明显可见；雌鸟羽色和雄鸟相似，但体色稍淡，头顶和头侧几白色，颈基无黑色领环。

栖息环境及习性：赤麻鸭广泛分布于欧亚大陆，在中国全境都有记录，是最常见的雁鸭之一。在三江源地区，赤麻鸭是夏候鸟，每年3月中旬迁来，10月中旬离去，也有少数留居的。整个夏季，在海拔3200米以上有水域的地方都有赤麻鸭的身影。它的食物包括各种谷物、水生植物、昆虫、甲壳动物、软体动物、蛆虫等，偶尔也兼吃些小鱼、小蛙、水蛭、蚯蚓等。

平均身高
0.6~0.7m

平均体重
1~2kg

繁殖期
5~7月育雏

雄性赤麻鸭在繁殖季节颈部会出现一条黑色的狭窄颈环，常常隐藏在黄色的羽毛间而无法观察到。

赤麻鸭收起翅膀时全身几乎都是橙棕色的，全世界只有赤麻鸭是这种色调，所以非常好辨识。

繁殖期间通常成对生活，非繁殖期则形成数十只至数百只的大群。

善于游水，较少潜水。

斑头雁 Bar-headed Goose (*Anser indicus*)

雁形目鸭科雁属，别名白头雁、黑纹头雁、麻鹅

无危

形态特征： 顶白而头后有两道黑色条纹为本种特征。喉部白色延伸至颈侧。头部黑色图案在幼鸟时为浅灰色。飞行中上体均为浅色，仅翼部狭窄的后缘色暗。下体多为白色。

栖息环境及习性： 斑头雁是飞行高度最高的候鸟，每年3月中旬后由南方迁来，来到青海湖、扎陵湖、鄂陵湖等地配对繁殖。主要以禾本科和莎草科植物的叶、茎、青草和豆科植物种子等为食。与其他鸟类相比，斑头雁体内血红蛋白与氧结合更快，可以承受仅有海平面上30%的氧气浓度，是非常适应高原生活的鸟类。

平均身高
0.6~0.8m

平均体重
2~3kg

繁殖期
3~4月育雏

头顶有两道黑色带斑，在白色头上极为醒目。

斑头雁靠自身飞行速度可达每小时80公里，一天的飞行距离可达1000公里。

斑头雁曾被目击飞越世界第一高峰珠峰，甚至超越巨无霸喷气式客机的高度。

凤头䴙䴘 **Great Crested Grebe** (*Podiceps cristatus*)

䴙䴘目䴙䴘科䴙䴘属

LC
无危

平均身高
0.45~0.48m

平均体重
0.4~1.0kg

繁殖期
3~4月育雏

形态特征: 体形最大的一种䴙䴘。嘴又长又尖，从嘴角到眼睛还长着一条黑线。颈修长，具显著的深色羽冠，向上直立，所以被叫作凤头䴙䴘。它的颈部还围有一圈由长长的饰羽形成的、像小斗篷一样的翎领，基部是棕栗色，端部是黑色，极为醒目。雄鸟和雌鸟比较相似，身体很像鸭子，但较为肥胖。

栖息环境及习性: 凤头䴙䴘极善游泳和潜水，通常成对或集成小群活动在开阔水面的湖泊中。繁殖期成对做精湛的求偶炫耀，进行镜像动作，两相对视。亲鸟会先将雏鸟驮于背上出游，然后迫使雏鸟做单独潜水练习。凤头䴙䴘主要捕食各种鱼类及水生无脊椎动物，偶尔也吃少量水生植物。

显著的深色羽冠，向上直立，所以被叫作凤头䴙䴘。
凤头䴙䴘修筑的浮巢，材料是水生植物的叶子，能随同水位上涨而漂起，不但不会往巢里渗水，还可以因为湿草发酵产生热量，有助于鸟蛋的孵化。
脚趾侧有发达的瓣蹼，适于游水，陆地上却几乎寸步难移。
翅膀小而圆，尾羽短而不显，不善于飞翔。

藏雪鸡 Tibetan Snowcock (*Tetraogallus tibetanus*)

鸡形目雉科雪鸡属，别名淡腹雪鸡、西藏雪雷鸟

无危

平均身高
0.5~0.6m

平均体重
1.5~1.8kg

繁殖期
6~7月育雏

形态特征：藏雪鸡是栖息地最高的鸡。作为青藏高原及其周边山地的土著居民，通常栖于海拔3000~6000米高山灌丛、多岩的高山草甸及流石滩上，把巢筑在嶙峋的岩石间。藏雪鸡在地上奔跑时摇摇摆摆、踉踉跄跄，显得笨拙可笑；但一接近山坡就变得异常敏捷灵活，边叫边在山坡岩石上奔跑。飞行能力强，飞行距离可达2~3千米，飞行时，时常发出“ga-ga”的叫声。

栖息环境及习性：藏雪鸡是一种杂食性动物，凡是它们能够寻到的各种植物的根茎、花果、种子，尽可以入嘴果腹。藏雪鸡有季节性迁移特性，春夏季节，高海拔的流石滩地区会迎来植被短暂的生长旺盛期，成群的藏雪鸡在这里孵化、育雏，活动范围有时可以达到当地冰雪的边缘；而冬天来临，藏雪鸡则向下迁移到高原草甸、荒漠草原或灌丛地带。

为了适应高海拔裸岩的环境，藏雪鸡都是体格强健、脚力超群的“登山运动员”。

藏雪鸡生活的高海拔裸岩地区，属于对大多数生命来说最为贫瘠的生境。这里是各地植被分布的最上限，气候极其寒冷和干旱，一天之内就能经历大风、冰雹和雨雪，因而只生活着极少数适应了严酷的生活环境的动物和植物。

高山兀鹫 *Himalayan Griffon* (*Gyps himalayensis*)

隼形目鹰科兀鹫属

NT 近危

形态特征：高山兀鹫是一种大型猛禽，头和颈裸露，稀疏地被有少数污黄色或白色像头发一样的绒羽，颈基部长的羽簇呈披针形，淡皮黄色或黄褐色。上体和翅上覆羽为淡黄褐色，飞羽为黑色。下体淡白色或淡皮黄褐色，飞翔时淡色的下体和黑色的翅形成鲜明对照。

栖息环境及习性：高山兀鹫栖息于海拔2500~4500米的高山、草原及河谷地区，喜欢在向阳的南坡上集群营巢，有相对固定的定居点，每个巢区繁殖对在5~16窝之间。高山兀鹫是世界上飞得最高的鸟类之一。它常翱翔于6000米高空，长时间在空中寻找动物尸体或动物病残体，发现后落地撕食。虽然属于猛禽，它却从来不杀戮活物，因而在藏区备受佛教徒敬仰，被世人称为自然界的清道夫。

平均身高
1.2~1.5m

平均体重
7~12kg

繁殖期
2~9月育雏

嘴部异常强大有力，以便于从一些很大、很结实的食草动物或食肉动物的尸体上去拖出沉重的内脏，将肌肉一块块地撕下来吃掉。

高山兀鹫的视觉和嗅觉都很敏锐，以便于它在高空翱翔盘旋寻找地面上的尸体，或通过嗅觉闻到腐肉的气味而向尸体集中。

头部和颈部的羽毛变成短绒羽，从而可以很方便地将头部伸进动物尸体内取食，而不会造成阻碍。

翅膀大而宽阔，适合于在长时间、远距离的翱翔飞行中节省体力。

由于较少捕食活的动物，它的脚爪大多退化，只能起到支持身体和撕裂尸体的作用。

长嘴百灵 Long-billed Calandra Lark （*Melanocorypha maxima*）

雀形目百灵科百灵属

无危

©普布

形态特征： 一种小型鸣禽。三级飞羽及次级飞羽羽端的白色明显，外侧尾羽白，尾部甚多白色，胸部的黑色点斑不显著。嘴比较尖细而呈圆锥状，嘴尖处略有弯曲。

栖息环境及习性： 在三江源区，长嘴百灵多栖息于海拔4000~4600米湖泊周围的草丛植被中，这些环境中草一般比较高，往往有由于地势高低凹凸形成的草墩，所以在湖泊周围、河湾、河滩地最易见到。它们平时在地上寻食昆虫和种子。主要以草籽、嫩芽等为食，也捕食昆虫，如蚱蜢、蝗虫等。

平均身高
0.17~0.19m

平均体重
0.05~0.1kg

繁殖期
5~6月育雏

它们叫声悦耳、洪亮，间杂以模仿其他鸟如鹨类的叫声。

长嘴百灵通常藏匿在土墩旁低洼处的草丛中，悄无声息，但一旦受到惊动，就会快速并紧张地从低洼处站移到草墩上观望，并大声鸣叫示警。

棕颈雪雀 Red-necked Snow Finch (*Montifringilla ruficollis Blanford*)

雀形目文鸟科雪雀属

无危

形态特征：一种中等体形的褐色雪雀。眼先黑色，脸侧近白。成鸟头部图纹特别，髭纹黑，颏及喉白，颈背及颈侧较所有其他雪雀的栗色均重，覆羽羽端白色。幼鸟色较暗淡，但较淡栗色的耳羽已可见。

栖息环境及习性：棕颈雪雀是一种留鸟，多见于海拔2500~4000米的高山、草原、荒漠和裸岩带以及多营巢于墙洞、土岩或鼠兔废弃的洞内。繁殖季节多成对活动，其他季节常集小群活动，且随季节的变化，亦可做不大的垂直迁徙。它们善奔跑跳跃，行动敏捷。主要以蝗虫、甲虫、象鼻虫、伪步行虫、步行虫等昆虫为食，也吃草籽、果实、种子、叶芽等植物食物。

平均身高

0.12~0.16m

平均体重

0.15~0.34kg

繁殖期

2~9月育雏

棕颈雪雀的飞行快而有力，但通常每次飞行距离不远，约20米，很少超过50米。

喜站在较高的突出的石头和岩石上鸣叫，尤其是繁殖期间，鸣声似不断重复的“duuid”或“dooid”声，见人时则发出“Jie Jie Jie”的警戒声。

棕头鸥 **Brown-headed Gull** (*Larus brunnicephalus*)

鸥形目鸥科鸥属

LC
无危

形态特征：棕头鸥是一种中型鸥类。嘴、脚深红色。夏羽头淡褐色，在靠颈部有黑色领圈。肩、背淡灰色，腰、尾和下体白色。外侧两枚初级飞羽黑色，末端具显著的白色翼镜斑。其余初级飞羽基部白色，具黑色端斑，飞翔时极明显。冬羽头、颈白色，眼后具一暗色斑，其余和夏羽相似。

栖息环境及习性：每年3~4月，棕头鸥陆续飞抵三江源区准备繁殖。它们选择海拔2000~3500米的高山及高原湖泊、河流和沼泽的干地，通常集群营巢，有时会与斑头雁一起形成混合巢群。主要以鱼、虾、软体动物、甲壳类和水生昆虫为食。

平均身高
0.41~0.46m

平均体重
0.45~0.75kg

繁殖期
3~7月育雏

棕头鸥具有较强的飞行能力，能毫不费力地迎风抬升或顺风滑翔。

繁殖期间，雌鸟雄鸟共同营巢，它们以爪、嘴在地面挖一小坑，内置枯枝、干草、鸟羽、干藻类等，巢呈碗状，较简陋。

棕头鸥的群体防御能力很强，孵化或育雏期，当有人、动物或其他天敌进入巢区时，棕头鸥会在低空盘旋，俯冲、嘶叫或排粪，直到入侵者远离巢区为止。

胡兀鹫 *Bearded vulture* (*Gypaetus barbatus*)

近危

鹰形目鹰科胡兀鹫属，俗称大胡子雕、胡秃鹫

平均身高
0.95~1.25m

平均体重
5~7kg

繁殖期
2~5月育雏

形态特征：名字因吊在嘴下的黑色胡须而得。头灰白色，眼睛周围有黑色贯眼纹，向前延伸与颏部的须状羽相连。它的头和颈都不像秃鹫、兀鹫那样裸露，而具有锈白色的完整羽毛。它的颈、胸和上腹红褐色，后头和前胸上有黑色斑点。全身羽色大致为黑褐色。

在三江源区，胡兀鹫主要栖息在海拔500~4000米的山地裸岩地区，在沟壑、高原和草原穿插的山脉间可见。它们的巢多位于高山悬崖岩壁上大的缝隙和岩洞中，巢为盘状，内面稍凹，主要由枯枝构成，内有枯草、细枝、棉花、废物碎片等。

栖息环境及习性：胡兀鹫的食物相当特别，主要以裸骨为主，骨髓是它们90%的食物来源。在觅食过程中，胡兀鹫特别善于利用渡鸦等高原上的食尸动物。每当渡鸦发现食物而高声鸣叫时，它便飞过来争食，并将渡鸦挤到一旁，使其只能拾取一些肉屑充饥。

胡兀鹫是飞行的能手，为了寻找食物，一天可以翱翔9~10个小时，飞行高度达7000米以上。

胡兀鹫的喉咙宽70毫米，骨骨非常有弹性，因此可以吞下整块巨大的骨头，甚至大至牛脊椎骨。如果骨头太大，胡兀鹫会叼着它飞至50~80米高然后让它落下，摔成可以吞咽的大小。

胡兀鹫的视力很强，在视网膜的斑带区中央凹内的视觉细胞有150万~200万个，大大高于人类在同样区域的20万个视觉细胞，因此可以在高空发现食物。

高原上的迁徙者

一些动物为了繁殖或觅食，会在固定的季节有规律地在相对固定的路线上进行长距离往返移居，这种行为被称为迁徙。黄河源区有着扎陵湖、鄂陵湖等众多高原湖泊和湿地，因此是许多候鸟的夏季繁殖地，也是青藏高原乃至东南亚地区候鸟迁徙、栖息的重要基地，每年春天数以万计的斑头雁、棕头鸥、渔鸥、赤麻鸭等20多种候鸟从印度半岛等地飞到扎陵湖、鄂陵湖等湿地，完成繁衍生息的重任。

在这些迁徙鸟类中，斑头雁是最具代表性的迁徙种类。每年3月中旬开始，它们从冬季的觅食地——印度、尼泊尔的低地——出发，飞越喜马拉雅山山脉，3月末至4月初到达夏天的生育繁衍地——吉尔吉斯斯坦、蒙古国、中国境内，迁徙距离约8000公里；秋季原路返回，从9月初开始，一直持续到10月中下旬。

斑头雁被誉为“飞得最高的鸟类”，非常适应高原生活。有记录发现它们在迁徙过程中甚至能飞越珠峰，并承受仅有海平面上空气的30%的氧气浓度。据研究，其血红蛋白的α亚基发生变异，令体内的红细胞与氧结合的速度比其他鸟类更为迅速。

黄河源区丰富的湿地分布为黑颈鹤带来了优渥的生存条件。在黄河源区，从3月下旬陆续飞抵、适应、筑巢、生育、破壳、哺育、试飞、长大……到最晚11月离去，黑颈鹤在这里度过最多的时间

黑颈鹤 ©李友崇

由于季节、气候变化引起食物分布和储量变化，黄河源区的一些哺乳动物也有迁徙行为。比如藏羚羊在夏季为觅食嫩草，四处游荡；冬季，为避开大雪，则迁徙至山麓或峡谷等少雪开阔地以获得更为充沛的食物；在冬季食物短缺的情况下，它们还常进行长距离迁徙以寻找全新的充足食源。

鱼类洄游也是迁徙的一种形式。一些鱼类的生命周期——索饵、产卵、育幼等不同环节——需要依赖于特定或不同的生境条件，因而会进行定期的主动集群和集体性的定向周期性长距离迁徙活动。黄河源的洄游鱼类有花斑裸鲤、骨唇黄河鱼、极边扁咽齿鱼、黄河裸裂尻鱼、厚唇裸重唇鱼等，洄游方式均为生殖洄游，即由于其生活生境与产卵场的条件不同，需在性成熟后返回产卵场进行繁殖。近年来，由于气候变化等因素的影响，黄河源区的湖泊有较明显的数量变化，局部水文地貌条件的改变，也可能对某些鱼类完成其洄游过程产生一定的影响，特别是水电站涉水工程的建设，很可能彻底阻断鱼类的洄游路径。这也成为国家公园建设需要关注和研究的问题。

黄河源区大面积的高原湿地是很多迁徙候鸟的夏季繁殖地。图为迁徙的天鹅 ©星智

西藏野驴的迁徙 ©李友崇

4.4 高原世界的自然法则

黄河源区虽有丰富的动物资源，形成了较复杂的食物链网，但脆弱、敏感的高原生态系统自我调节能力和恢复力弱，稳定性差。青藏高原极端的气候条件下，昆虫的整体生物量相当少，种群数量很低，细菌亦不活跃。因此，生态系统中的食草哺乳动物成为最为重要的初级消费者，其肠胃内的菌群更是重要的分解者。

除了各种偶蹄类动物，三江源地区的食草哺乳动物中，常见的鼠兔科和其他啮齿目动物也是极其重要的成员。在这里，高原鼠兔、沙鼠、旱獭等的巢穴通常连片均匀分布，它们将底层土壤和基岩中的矿物质翻至表面，同时消耗掉大量的植物，将纤维素等分解为有机碎屑。由于其分布密度高，这些动物影响着几乎每一平方米土地上的物质循环。这些中小型哺乳类也是大量食肉动物如香鼬、石貂、藏狐等以及大鵟、猎隼等猛禽的捕食对象，为这些肉食性动物提供主要食物来源，成为构建整个高原生态系统不可或缺的“中坚力量”。

由此，黄河源区牧草、食草类哺乳动物、藏狐等肉食性动物和猛禽等，构成了最有代表性的食物链网。牧草是食物链的生产者，是能量金字塔的基础层。由于青藏高原寒冷、干旱、强风等因素，这一基础极其脆弱。高原鼠兔等小型食草动物处于中间营养级，取食牧草并为肉食性动物提供食物。这些小型食草动物繁殖能力强，当捕食者藏狐、猛禽等数量下降时，容易快速繁衍，若过度取食牧草，容易造成草场退化。因此，保护高原生态系统绝不能单纯、人为地设定物种是有害或有益，进而采取保护或消灭单一物种的方式，而应该让生产者、消费者各司其职，彼此平衡，充分尊重自然规律的前提下适当采取人工干预，使高原生态系统保持动态平衡。

黄河源区的食物链结构（部分）

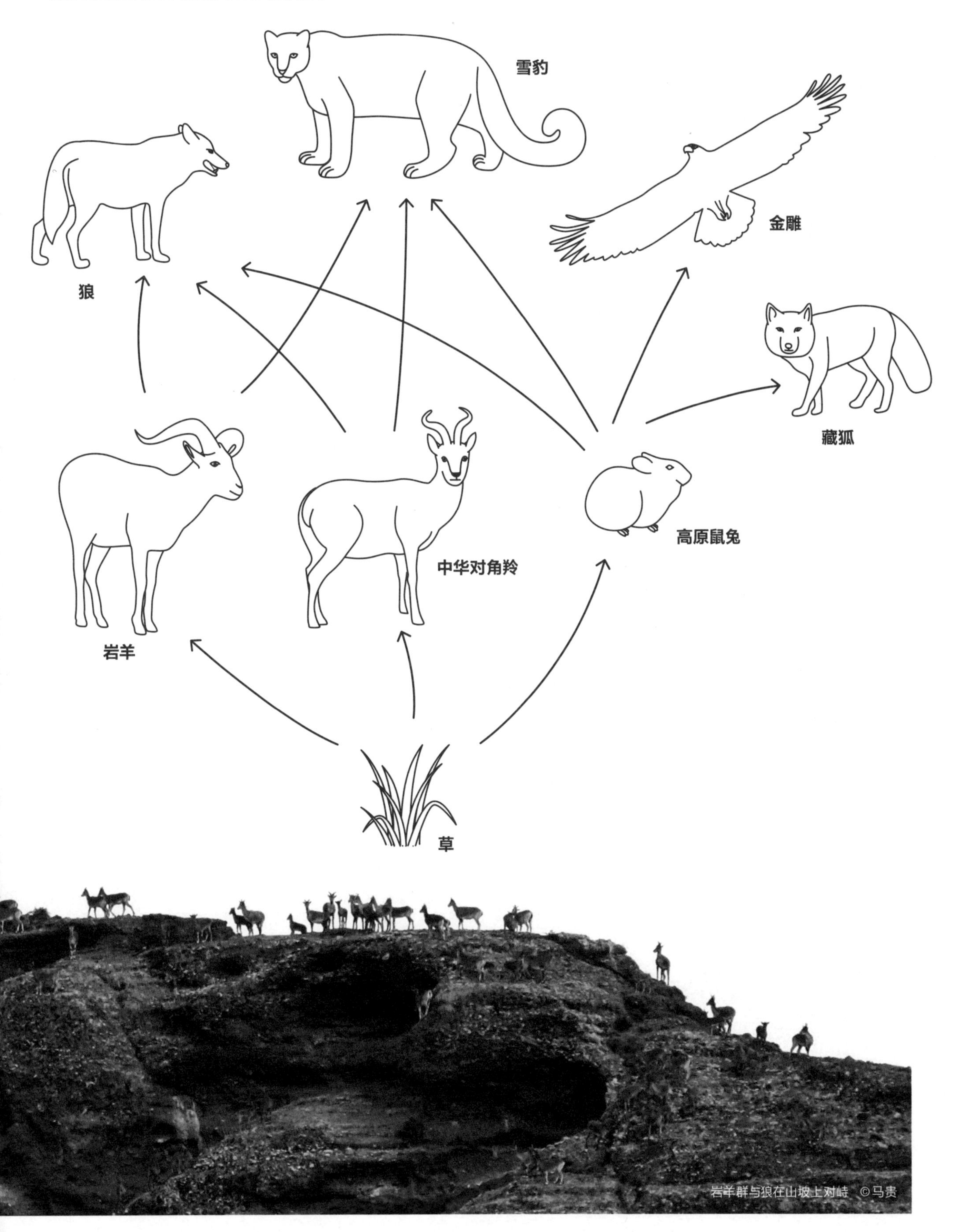

岩羊群与狼在山坡上对峙 ©马贵

05

虔诚守护的生生不息

据科考发现，远在新石器时期，黄河源头就有人类繁衍生息。高原上辽阔的草场为高原民族提供了赖以生存的基础，他们在世世代代与高原共生的过程中，总结出了一套既能够保证牲畜生长繁衍，又能够确保草原生态环境的平衡持续之道。他们居住在就地取材、制作简单、便于移动的帐房中，穿着暖和的藏袍，吃糌粑和牛羊肉，以牛粪做燃料，以牲畜作为交通工具。这些，都是牧民们在高原环境下凝练的生存策略和传统智慧。

20世纪90年代，过度放牧和全球气候变化等因素的叠加影响一度导致黄河源区所在的玛多县自然生态急剧恶化，至2005年，玛多县原有的4077个湖泊半数以上消失无踪，草原上裸露的黑土滩不断扩大。也是这一年，整个三江源开始启动生态保护工程，沙化治理、禁牧封育、退牧还草等项目悉数启动实施。[1]

作为三江源国家公园黄河源区的核心腹地，玛多县既是青藏高原重要的生态保护核心区域，也为黄河中下游地区社会经济发展提供重要的资源支撑，其生态重要性不容忽视。我们需要认识到，对黄河源区的守护，也是对整个浩荡绵延的黄河流域的守护。在历史的进程中，生于斯、长于斯的牧民同样需要面对挑战、适应变化：他们的生活方式从帐房到砖房，他们的职业从草原牧民到草场巡护员，他们的心态从敬畏自然到守护自然。但是，无论如何演变，始终不忘的依然是对这片土地的赤诚热爱与守护初心。

1. 玛多县地方志编纂委员会. 玛多县志1996—2010. 青海民族出版社，2011.

扎陵湖 ©张树民

生活在高原

在黄河最上游的发源地区，为了守护这里的环境，世世代代的高原人形成了独特的生活方式。他们以游牧为生，穿藏袍，以牛粪做燃料，随季节不断迁徙，这些习俗和传统背后是当地人与高原共生的朴素生态智慧。

5.1 生活在高原

在黄河源区特殊的地理气候条件下，什么时候开始有了人类的生息？在这片偌大的空间版图上，唐蕃古道上曾经有过怎样的民族文化大融合？世代藏民的生存智慧究竟与自然如何密切互动？在当代的环境和发展中，黄河源区的人们将如何理解永续生存，回应未来生态发展的选择与挑战？

早期的人类活动

究竟在什么时候，人类攀上青藏高原并栖息、繁衍？考古界尚未得出统一的定论。最新的研究提出，距今约2万年至5200年前就有狩猎采集人在青藏高原游猎；距今约5200年至3600年前，具有开拓和实践精神的人类在青藏高原东北海拔2500米以下的河谷地区种下了粟（谷子）和黍（糜子），在此大规模永久定居；距今约3600年前开始，人类更加娴熟地掌握了农牧技巧，完成了在海拔3000米以上的高海拔地区大规模扩张并永久定居。[1]

三江源地区最早的人类活动的身影是羌人。其名得来有自：夏商时期，这个部落的人将驯化的羊送给夏人、商人，后者就形象地以“羊”为原型而称其为“羌”。青海省民和县喇家村遗址出土的4000年前的面条以及大量的驯化实践，证实了青海中、东部地区农耕文明生根落地。

羌人首领爰剑在战国时期虽然打了败仗，却赢得了长远改造和发展之机，当他把粮食种植技术、耕作技术和冶炼技术、畜牧知识传授到羌人聚居地的时候，那里成为了青海高原部族繁衍的起点。南北朝时，从辽东而来的鲜卑族之一的吐谷浑部族于此迁居活动，也逐渐渗入三江源地区的人口结构中。

此后，三江源地区的行政版图逐步重构，由分散走向统一。其在唐代隶属羁縻州辖地，后属吐蕃，明代属朵甘行都指挥使司，明末清初属和硕特蒙古政权辖地，清代属上郭罗克百户辖地，隶四川松潘镇漳腊管辖，民国置哈姜设治局。

族群迁徙与民族融合发展，同样在古代青藏高原浩荡以继。这里孕育了格萨尔文化，讲述格萨尔赛马称王、迎娶嘉洛之女珠姆为妃等故事的英雄史诗已成三江源地区的文化“活化石”。他一生戎马、扬善惩恶，与其有关的地名，今天在三江源地区仍历历可数。高原的迁徙通道也位居于此：扎陵湖畔的黄河源头第一渡口作为两岸人畜往来的唯一水道，也是唐蕃古道的重要节点，元明与清代前期，这里是入藏驿道的必经之地。

河源地区最早的人类活动

1989年中德联合考察青海南部的活动期间，考察队在玛多县星星海附近采集到几件打制石器，包括用当地片岩、火成岩砾石、岩块打制的石片和粗大石器。这些石制品发现于由玛多至野马滩的路边湖岸地面和沙丘里。这成为黄河源区目前发现的最早的人类活动证据。

格萨尔王

格萨尔王是藏族民间历史传说中最著名的英雄，记述其事迹的《格萨尔王传》是藏族流传最久，也是世界最长的史诗。玛多县所在的果洛州是格萨尔王的故乡，这里的草原上也留下了许多格萨尔的神迹。

黄河源区重要历史遗址分布

1. 马丽华. 青藏苍茫——青藏高原科学考察50年. 生活·读书·新知三联书店，1999.

格萨尔王王妃珠姆宫殿 海拔4500米

即嘉洛城堡遗址，玛域果洛是格萨尔王的故乡，嘉洛城堡是最著名的格萨尔遗址 ©李哲

牛头碑 海拔4610米

位于玛多地区十三圣山之一的措哇尕什则山顶峰，碑身高3米，碑座高2米，象征着历经沧桑的悠久历史和勤劳品格 ©陈璘

多卡寺 海拔4300米

位于松赞干布迎娶文成公主的迎亲滩，曾是通往西藏的商道、驿站和渡口，因早期堆放石刻嘛呢石碑，得名为“多卡” ©朵花本

在漫长的历史长河中，光芒灿烂的唐代帝国与雪域高原最强盛的吐蕃王朝之间大规模的物质、技术和精神文化交流，构成了时空的最强音，“吐蕃与原三江源一带活动的羌人融合同化，逐渐发展成为三江源地区藏族的直系祖先”[1]，其影响深远，超越了彼时彼地，至今仍留有回响。

公元641年，吐蕃松赞干布在柏海（即鄂陵湖）迎娶文成公主，公主的陪嫁物品名单上有中原的“释迦金像和佛经写本、历算、医学、文艺等百科书籍”，“有从事建筑、冶炼、雕刻、酿造的工匠，大宗绫罗绸缎，有作物蔓菁的种子——这个俗称圆根的植物，鲜时为水果，晒干可存储，丰年为副食，饥年可充饥，由此在高寒之地广泛推广种植”。史载松赞干布从此脱下毡裘，换上纨绮，而在藏语藏文的无尽传诵中，文成公主化身为绿度母。[2]

1970年中国考古发现西藏卡若聚落遗址，更反映了先民的日常生活、器物，连同其时的技术系统重见天光。这一根脉的发现与越来越多今天的考古学的论证和观点有共通性，即：横断山区三江流域这条历史的南北通道，民族人群往来迁徙的走廊，一端连接着西藏古文化，一端连接着黄河流域旱作文化。人类沿河而居，道路沿河而行，三江流域的天然通衢，早于西部中国丝路的开辟，这条古来即有的通道，也被称作“民族走廊、茶马古道、盐铁之路”[3]。

三江黄河源的巨大空间版图，风化成典，见证着历史长河中的变迁与共荣。

今天的高原人

玛多是黄河源头干流流经的第一座县城，于1957年12月建政。藏语“玛多”的意思是“黄河源头”，这里生活着14400人，平均下来每两平方公里才有一个人，是全省人口最少的县。而总人口中，90%以上是藏族，自古以来以游牧为生。[4]

辽阔的草原，密集的河流，星罗棋布的湖泊，深深地影响着原住民的生活。藏族牧民沿袭着逐水草而居的传统游牧生活方式，居住在冬暖夏凉、搬移方便的牛毛帐篷内，以糌粑、肉类和奶制品为主食，以土法加工的绵羊皮缝制的藏袍来抵御严寒。他们驯化野马和牦牛作为日常乘骑驮运工具，从小训练高超的驾驭之术。赖以生存的自然环境决定了他们的生存、生活方式，自然环境和生产生活方式又同样体现在牧民们的文化生活中：每逢草原上举行盛大集会或体育活动，赛马、赛牦牛便是必不可少的比赛项目。

直到20世纪70年代初，玛多县还是一幅绿草如茵、水草丰美的景象，4077个大小不等的湖泊散落在草原上，为玛多赢来了“千湖之县”的美誉。然而，由于过度放牧、全球变暖等原因，玛多县的生态环境严重恶化：水土流失，草场退化，水源涵养功能下降，土地沙漠化，生物多样性受到威胁，自然灾害频繁；2000多个湖泊干枯。动植物失去了草原，就是失去了家园，人类也是，一些藏族牧民为了生存，不得不去到其他草原乞牧。

为了挽救遭到破坏的环境，退牧还草、生态移民，沙漠化、退化草地综合治理，加强湿地保护等措施开展起来。经过十多年的努力，消失的湖泊又出现了，草原也回来了，然而生态环境的保护仍然任重道远。伴随着三江源国家公园体制试点，曾经的牧民又多了一重巡护员的身份，在新的时代里，高原人以新的身份继续守护着草原，守护着玛多，守护着黄河源。

1. 三江源国家公园官方网站. http://sjy.qinghai.gov.cn/history.
2、3. 马丽华.风化成典：西藏文史故事十五讲.中国藏学出版社，2016.
4. 邢茂业. 保护三江源生态环境与建立现代畜牧业生产体系. 青海草业，2003，8.

格萨尔文化博览园 ©张树民

格萨尔文化博览园 ©张树民

格萨尔文化博览园 ©张树民

格萨尔文化博览园 ©李友崇

进入玛多县入口的纪念碑，上面刻着“天上玛多，黄河源头” ©李友崇

建设中的玛多县城 ©李友崇

5.2 传统生活的智慧

为了适应高原的环境，高原人形成以游牧为核心的独特生活方式。今天，在世界第三极脆弱的生态环境下，高原牧民如何在传统智慧的引领下寻求与当下发展之间的平衡？如何在人与自然的永恒话题中，协同永续，并将这种独特方式传递给未来？

游牧生活的背后

牧草是牲畜赖以生存最主要的食物，是高原食物链网络的生产者，也是能量金字塔的基础层，因为重要且难以取代，而愈显脆弱。在寒冷、干旱、强风的高原地区，支持牧草生长的，仅仅是地表一层薄薄的腐殖质层，一旦破坏便很难恢复。黄河源区的河谷盆地曾经是整个三江源地区牧草品质最好的地方。因为一年中植物的生长周期只有短短的三个月，为了合理均匀地利用牧草资源，同时保护好牧草生长所依赖的生态环境，高原牧民们在历代的放牧传统中，形成了一套既保护生态系统又确保牛羊肥壮的放牧方式，包括了游牧、多畜并放、两季轮牧和浅牧。

游牧：游牧是牧民应对高原严苛环境所选择的重要生产生活策略。在高原上，每年春天气候回暖的时候，牧场总是随着海拔的升高而开始次第返青。照理说，返青后的牧场最适宜放牧；而实际上，牧民们却不会在每块牧场上长时间逗留，一旦出现返青就会向上转移牧场。随着返青的区段上移，牧民们也驱赶着牲畜不断向更高海拔地区迁移，直到深秋来到最高的海拔区段。为此，从春到秋，牧民每天要走几十公里放牧牲畜，这是极其艰辛的劳动。因为只有这样，到了冬天的时候，低海拔的草场才会因为得到足够充分的生长和积累，从而支撑牲畜们过冬。不是贪恋优质草资源，而是抓紧时间消费劣质草，始终维护草原的可持续生长——这正是藏族传统文化中对环境适应最为精巧的手段之一。

多畜并放：藏族居民放牧总会采取多畜并放的方式，比如牦牛、黄牛、绵羊、山羊、盘羊、骡子、驴、马等。这背后的原因，是借助不同的牲畜对牧草的采食偏好来均衡地消费牧草，从而控制某一种牧草或因长得过于茂盛而打乱整个草原牧草的平衡，进而保护草场资源的多样性。

两季轮牧：在牧民的传统游牧方式中，往往还遵从顺应季节气候变化，采取两季轮牧的策略。冬春季节，他们在海拔3700~4400米的平原地区放牧；夏秋季节，转场至4400~5600米的牧草丰美的高山草甸。这样既兼顾生态恢复也确保了经济收益。[1]

浅牧：无论是冬牧场还是夏牧场，高原牧民都绝不会过度利用草场的资源。所谓浅牧，就是在放牧过程中不断驱赶牲畜快速移动，牲畜像偷吃东西一样大口吃食并迅速走开。牲畜仅能取食牧草最鲜嫩的部分，当年长出的牧草至少有30%以上得以保留，给地表留下了更多植物残株，保证地表的腐殖质层逐年不断增加。在快速移动的过程当中，遍撒于草原之上的牲畜粪便，是促成草原腐殖质层加厚的有机物来源之一。如此，草原就能越来越好地延续下去。

“没有牛羊的草原，是寂寞的。”

多畜并放、轮放浅牧是藏族居民适应高原草原的智慧沉淀。

在草原藏族人的文化里，“没有牛羊的草原，是寂寞的”[2]。看似简单粗放的传统放牧形式，其实质原来如此精细，包含着生态伦理和经济学的计算。这是藏族居民世代的经验积累和总结出的生存智慧和与自然的相处方式。

1. 罗康隆，杨曾辉．藏族传统游牧方式与三江源“中华水塔”的安全．吉首大学学报，32，1:37~42.
2. 黄河网．黄河源头记行．http://www.yellowriver.gov.cn/xwzx/lylw/201409/t20140912_146720.html.

黄河源区的游牧生活 ©张树民

多畜并放是当地牧民主要的放牧方式 ©三江源国家公园管理局

独特的藏历

藏历是源自高原特殊气候与耕作条件的传统历法，是藏族物候历、印度时轮历和汉族历法的混合体。在西藏流行了一千多年的藏历时轮历，在节气与季节划分上并非采用简单的岁月平分法，而是依“日宿”（即太阳所在位置）定点推算，进而将数据与藏族地区各类鸟兽草木的四季变化有机结合，以确定节气和划分季节。

因此，藏历虽然沿用通用历法春、夏、秋、冬四季划分的传统，但同时根据高原变幻莫测的气候形成了独特的六季划分法，即：春、后春、夏、秋、冬、后冬。这种划分符合青藏高原大部分地域的气候特点。从整体观察，整个藏区冬季最长，夏季最短；部分高寒地区没有明显的春季和秋季，一年只有冬夏两季切换。

在藏历中，与地方性特色相结合的物候智慧，是青藏高原地区独特的文化遗产。这与先民生活的地理环境和生活、生产方式休戚相关。如生活在喜马拉雅山脉、冈底斯山脉汇聚处的阿里地区的苯象人重视日月运行规律，而位处横断山脉和三江流域的昌都登巴人，对水文观察有更深入的认知。生活在青藏高原北部牧区羌塘的老牧民们更擅长通过天象来预测近期气候，降低风险，而半牧区的岗卓人对山体与江湖的关系变化有更多领悟。喜马拉雅山东南脚下珞门地区的先民，因为气候条件和植被、湿地资源得宜，对禽鸟与植物的生活习性有丰富的认识。

正因如此，古谚有云：“观察禽鸟和植物是珞门法，观察星和风雪是羌塘法，观察日、月运行是苯象法，观察山、湖、牲畜是岗卓法。”无论何种方法，都是从观察自然界的万事万物开始，寻求四季物候的演替规律，并为人类所用。

尽管从1951年西藏地区开始使用公历，但藏族气象历书至今仍具有指导农牧业生产、预报气象、庆祝传统节日等重要作用。它是传统文化的活化石，也是今天依然指导生产和生活的工具书。

“雁南飞、大鸟到、鸟初鸣、鸟收声，为小四季；燕子来、水鸥到、戴胜鸟飞来、云雀叫声，为四分定。”

藏历在很大程度上继承了藏族古老物候的内容，以用来预测本地气候、指导生产。

耐寒的青稞成为青藏高原上少数能种植的农作物（图片来源：维基百科）

营建聚落

高原地区特殊的严寒气候和与之相适应的生产生活方式，也决定了牧民们对居住形式的选择。藏族牧民逐水草而居，迁徙频繁而居无定所，便于搭建和拆卸的帐房便成为长期生产、生活实践中的最佳选择。

利用当地材料的夯土房屋，作为放牧迁徙过程中的临时住所 ©李哲

帐房一般驻扎在水草丰腴、地势较高且视野开阔、水草充盈而易于放牧和生活的地方。这三个标准体现了牧民的生活与自然环境须臾不可分割。首先，住址选择在常年流淌的清澈河流附近。第二，选择靠近向阳的河谷平地或者背风干燥的平缓地带，以此来防止雨水或者冷风的侵入；驻扎地地势应稍微有倾斜，在帐房周围要有比较大的活动场地便于生产活动，同时可以放眼远眺，有利于牲畜的安顿。第三，为了能够使每一户牧民可以互相通视，以达到安全和防范的目的，牧民间通常不会将帐房安扎在一条直线上。地址选好后，遵循祖先传下来的习俗惯制“人合伦理，帐门朝东”[1]。

帐篷是牧民流动的居所 ©三江源国家公园管理局

为适应高原的气候和环境，藏民的居所建造必须顺应自然。藏式民居多为平顶，因高原上干旱少雨，无需高屋建瓴，即便冬有积雪，打扫便是。更深层的原因是大而频繁的风沙，高屋顶难耐劲风。平顶民房还可用于晾晒青稞。除此之外，民房的平顶空间还兼具宗教和信仰的场所功能，供奉神灵的祭坛、香炉以及家家户户必要张悬的五色经幡。

除了定居的民居，以游牧为生的高原人需要以“流动的居所”——帐篷——来荫庇生活。对依循季节、追逐水草的牧民来说，帐篷便于拆卸和安装——中间用三根大杆支撑，四周用绳子牵引固定，再用一根木杆将引绳撑起。帐篷四边垂至地面，冬暖夏凉，搬移方便。帐篷主要材料来自于牧民放养的青藏高原特殊畜种牦牛。牧民以手工方式将牦牛毛织成“毛褐子”，约十头牦牛的裙毛及尾可织就一顶帐篷，缝制出的传统帐篷多为黑色。

帐篷内部 ©三江源国家公园管理局

20世纪以来，随着草场承包制的实行、生活水平的提高，以及对黄河源区的保护工作的不断开展，牧民的生产生活方式经历变化，居住形式有所调整。早期建立的定居点住房多为土木或石木结构的平房。草原上的夯土房就地取材，用厚夯土墙、土坯墙作为围护结构，防风防晒，内部冬暖夏凉；房屋外围一般建有牲畜围栏。建筑的色彩、材质与自然和谐而相容。今天，许多牧民搬到新建的牧民新村，住进了暖和的砖砌房。昔日用牦牛毛编织的黑帐篷，今天多被轻便的帆布白帐篷所取代。

1. 陈林波. 青海海北牧区牧民定居建筑地域适应性设计研究. 西安建筑科技大学.

牧民劳作 ©三江源国家公园管理局

氆氇，藏族人的日常生活中使用的一种手工羊毛织品，结实耐用，保暖性能好 ©冶青林

取之自然的生活

黄河源区地理自然条件严峻，物质资源非常有限，高原的饮食、穿着、日常用品，都离不开取之自然、顺应气候，并物尽其用的应变之道。

牧业为当地生活提供牛羊奶、牛羊肉等基本蛋白营养所需。每年的6~9月是牧民最忙碌的“草原黄金季节”，高原的劳动紧张而有序。气候温热的季节，牲畜在丰美水草中累积抓膘，这决定着未来生活的关键。分工也有条不紊，打制储存酥油奶酪，剪取牛羊毛，这是越冬度春的预演。顺应天地，就是未雨绸缪，筹划就绪。

极少的可耕地决定了当地农作物的珍贵。农业生产提供了青稞、麦子、芫菁，而野外还孕育着可供人类食用的蕨麻、蘑菇、野菜等食物。蕨麻是黄河源果洛地区常见的食物，兼具药用功能。春秋两季，是这种生长在河谷地、被称作“人参果”的食物的最佳收获时间。

每个地方的特殊风味食品，都凝结着人们对自然的认识和适应。如蕨麻出现在餐桌的方式可以朴素，也可以隆重。鲜蕨麻与干蕨麻可作日常餐食，强健胃脾，当它煮熟加糖拌酥油炒面、曲拉（牛奶提去脂肪后做成的干奶酪，奶渣）时，香甜扑鼻，招待贵客；等冷却后打成团块，又成为馈赠亲友的特色“藏点”[1]。寒冷、干燥、多风的高原气候，可制作出味道独特而鲜嫩的冻肉、柔韧而回味无穷的风干肉。酥油茶则为较难获得蔬菜的牧民提供了大量的维生素补给——据传，最早是文成公主进藏将茶叶种植和加工技术传授给了高原上的居民。携带方便、吃法简单的糌粑更是藏族牧民必不可少的主要食粮。

藏族牧民生活在严寒的高原地区，长期驱赶牲畜行进在辽阔的草原上，必定要选择便于起居、行旅以及保暖御寒的服装。藏族的传统服饰以袍服为主，农区多以羊毛织成的氆氇为原料，牧区多以羊皮为原料。氆氇（pǔlu,藏语音译）是结实耐用、保暖性能好的手工羊毛织品，其地位和内地棉布近似，被用来制作衣服、床毯、鞋帽等。

袍服的着装形式都为大襟、右衽，腰襟肥大，袖子宽长，方便行动。白天阳光充足、气温升高时，可以脱袖露臂、调节体温，晚上可解开腰带和衣而眠。牧民的皮袍离不开腰带，穿时提起下摆与膝盖平齐，腰带一束，怀里形成大囊，里面可以装不少随身用品。皮袍用土法加工的绵羊皮缝制，经久耐用又抵风御寒。

被誉为“草原之舟”的牦牛，日常可作为交通运输工具，牦牛乳又富含油脂和养分，牦牛的皮毛用于制作服饰或搭建帐篷，牦牛肉更是重要的食物。在一望无际的高寒之地，牛粪也是牧民重要的取火源头。牦牛与生活在该地域的人民有着极其紧密的互动关系，超越了驯服的含义，具有影响深远的人类学意义。

牛粪，藏语“久瓦”。它是藏民便于获取、最重要的燃烧材料。其燃点低，在含氧量较低的高原易引燃，燃烧时无异味和烟雾，火气温和。同时，牛粪贯穿于藏民生活的各个环节，如建造、信仰、医疗、游戏等，是一种融合着自然与神性生活的浓缩物。

2010年，青海果洛藏族自治州久治县白玉乡牧民导演兰则拍摄纪录片《牛粪》，用真实的视角记录了“牛粪”的各种用途：零下40度的高原上的温暖燃料、供神煨桑的原料、建造家园的建材、除垢的洗涤物、治疗牦牛或者马驹的眼药、孩童的玩具、制作佛像……纪录片末尾，面对孩子的疑问，藏族奶奶循循善诱地说：“牛粪不是脏的东西，牦牛不喝脏的水，不吃脏的草……没有牛粪，我们藏族人是无法在高原上生活的，知道吗？”这一短短总结，是藏民对自然生态系统的体认和民族心理与审美态度最忠实的反映。

1. 果洛藏族自治州概况编写组. 果洛藏族自治州概况. 青海人民出版社，1985.

牦牛对黄河源的牧民意味着什么

在黄河源区 **80%** 以上的牛都是牧民饲养的牦牛，

一头牦牛的饲养期在 **15** 年左右，

1顶可以使用 **10** 年的牛毛帐房需要10头牦牛10年的产绒，

一头4~15岁的公牦牛体重 **300** 公斤，满足牧民一人一年的肉食需要，

一头母牦牛产生的酥油和奶渣供一位牧民 **6** 个月的量，

一头母牦牛一年产奶量 **350** 公斤，

一头母牦牛一年产奶渣 **5** 公斤，

一头母牦牛一年产酥油 **10** 公斤，

10 头牦牛一年的牛粪可以满足一位牧民的燃料需求。

朴素的敬畏之心

高原上严酷的生存环境，时常出现大自然的威胁。人们在与大自然的斗争中处于被支配的状态，出现了“万物有灵”的原始宗教观。崇拜对象包括天地日月、雷电冰雹、山石草兽。

当佛教传入青藏高原后，这些圣山圣水成为了佛教徒进行佛事活动的场所、修持行道的圣地。在藏民心中，这些居住在圣山圣水的神祇拥有无边的神力和无数的神兵，守护着圣山圣水的每一寸土地和万物生灵，人类是不能够破坏这些山石草木的。清澈的湖水，不仅能够清洗掉身上污垢，还能消除心灵的烦恼。这些朴素的自然观，守护了源头地区的山水的洁净与完好。佛教轮回、护生的思想避免了滥杀的行为。对自然的敬畏、对生命的尊重，客观上对生态环境的保护起着积极作用。

牦牛在藏族先民自然宗教观念中的形象同样历史悠久。当地宗教传说认为，当世界第一缕阳光照耀到冈仁波齐时，便有了第一头牦牛，神山的山褶，就是牦牛的背脊。在现实中，藏民以智慧和勇敢驯化野牦牛这种凶猛的动物，同时把它们当作神灵来供奉，认为其身上的某些器官具有神力。牦牛头骨、牛角被作为灵物供奉，牦牛尸体等当作镇魔驱邪的法物。此外，藏地的寺庙壁画、唐卡和法器中也都有牦牛的形象。

五色经幡（藏语称为塔俏）是藏地的一道独特风景，蕴含着人类生存环境的基本要素。五色分别象征着蓝天、白云、红火、绿水和黄土。其张挂形式多随形就势，多见诸峡谷、关隘、崖壁、林区、寺院、佛塔、圣地、玛尼堆等处，印满密密麻麻的藏文咒语、经文、佛像、吉祥物图形。风马旗经幡（藏语称为隆达、龙达）因布条上画有风马与佛陀教言，希冀借风之力，将祈祷传播各处。

在黄河源区的扎陵湖和鄂陵湖畔，一座座玛尼堆、玛尼墙（藏语称为绵当）是日常具象化的虔诚祈祷。在这里，山间、路口、湖边、江畔，这种朴素的自然观随处可见。一座座以石块和石板垒成的祭坛，大都刻有六字真言、慧眼、神像造像和绘有佛尊、动物保护神的吉祥图案。每逢吉日良辰，人们一边煨桑，一边往玛尼堆上添加石子，以神圣之情以额触碰，口中默诵祈祷词，然后丢向石堆。时间的累积与浩瀚的信仰都将以天长地久的方式，以一座座玛尼堆愈垒愈高的形象矗立在真实的自然地景之中，通向未来。

©李友崇

在黄河源区，经常可以看到人们聚在一起举行祈福的仪式 ©三江源国家公园管理局

牦牛头 ©李友崇

转山的人们 ©三江源国家公园管理局

风马旗 ©张树民

经幡，藏族人用各种方式表达对自然的信仰 ©张树民

5.3 新时期的守护

20世纪90年代，过度放牧和全球气候变化等原因的叠加影响曾导致当时玛多县自然生态环境急剧恶化，湖泊萎缩，草场退化严重。经过几十年的治理，高原生态得到一定恢复与控制。面对未来，黄河源区还将面临怎样的艰巨挑战？在新的时代下，我们应该如何慎重理解本地生态和物种多样性对于三江源地区的意义？在国家公园的新机制下，世代繁衍的居民将以何种方式，重新投身去守护这座高原？

黑土滩的治理

一位家住三江源腹地玛多县名叫万玛的藏民在2005年搬离了家乡。他卖完了最后20只羊，下山时，一路在玛尼堆上献上玛尼石，既是祈福也是忏悔。[1] 玛多县，曾靠着自然的馈赠，于20世纪70~80年代连续4年蝉联全国首富。该县的人与羊比例最高时曾达到1万人比75万只羊。但很快，老人就经历了毕生难忘的灾难：草场被羊啃成黑土滩，黄河频繁断流，玛多境内4000多个大小湖泊一半干涸……

什么是黑土滩，其又因何而成？在三江源，因过度放牧和气候变化形成的"黑土滩"是高原生态退化的标志性景象。原生植被被大量消耗而无法在高原地区短暂的生长季节及时自然恢复，草场覆盖度降低，土壤裸露，叠加水蚀、风蚀等影响，造成土层不断变薄，土壤肥力逐步流失。贫瘠的土壤进一步制约了草场自然复育的能力，如此循环往复，从高原湿地到草甸化湿地、高寒草甸，到草甸的进一步斑块化，甚至向盐渍化、沙砾滩方向逐步退化。

土地荒漠化与荒漠生态系统的区别

与荒漠生态系统不同，土地荒漠化是在自然或人类活动的影响下，原先脆弱的生态系统平衡被破坏造成的土地退化过程，包括盐渍化、草场退化、水土流失、土壤沙化、沙漠化等。而荒漠生态系统是一种分布于干旱地区，自然形成的由极端耐旱植物占优势的生态系统类型。

黑土滩侵蚀的是藏族牧民生存与生活的家园，然而，受青藏高原自然气候条件和地势条件制约，黑土滩一旦侵袭而来，要想草原重现，非轻而易举之事。经过不懈努力，目前的治理试点选择坡度小于7度的中、轻度退化草地和坡度在7~25度之间的中度和重度退化草地。2005~2015年的十余年间，通过牧草混播、土壤改良、植被保育等措施，实施工程治理与自然修复相结合，已实现27.45万亩高寒草甸"黑土滩"型退化生境的明显改善。昔日的黑土滩，又铺满了青草，与重现的湖泊交相辉映在黄河源区的碧空下。

生态链的修复

早年，高原鼠兔在许多人眼里一直被看作有害动物，鼠兔的活动被视作导致了高山草地退化的罪魁祸首。在青藏高原的广大区域喷洒有毒物质消灭鼠兔的同时，高原的生态系统深受影响。

在黄河源区，由于水温低和冰封时间长，湖中的浮游生物和鱼类较少，冷水鱼类通常生长缓慢，生长500克需要9~10年的时间。

其实，高原鼠兔是青藏高原高寒生态系统的关键种，它们是大多数食肉动物和猛禽的食物，也是维持整个高原地区食物网平衡的重要一环，对维护生态平衡起着重要作用。这种生态观念认识的转变，对高原生态系统显得尤为重要。真正造成鼠兔种群数量失控的原因是天敌的消失和食物链的失衡，它们与家畜在已退化的草场上竞争，进一步造成草场的持续退化。

1. 圣湖再现，别来无恙. 中国新华新闻电视网.

科考人员发现，在生态链上，鼠兔挖掘的洞穴可以为许多小型鸟类提供赖以生存的巢穴，而警觉的鸟类也为鼠兔提供了免费的安保服务。如雪雀等鸟类在鼠兔洞中筑巢，是良好的伴生关系。同时以植物为食的高原鼠兔是草原上大多数中小型肉食性动物的主要捕食对象，在“植物一食草动物一食肉动物”这一食物链中，高原鼠兔是重要的中间环。

黑土滩治理前 ©冶青林

既要治理鼠患，又要维持草原的生态平衡，还需考虑藏民的宗教信仰。那么，治理鼠兔必须转变观念。“招鹰架”，就是三江源国家公园生态治理的新探索：让鼠兔在大自然的生态系统内得到物竞天择的治理。目前三江源国家公园在园区内架设招鹰架4920架，鹰架巢1230架，经过研究统计，确实取得了一定的治理成效。

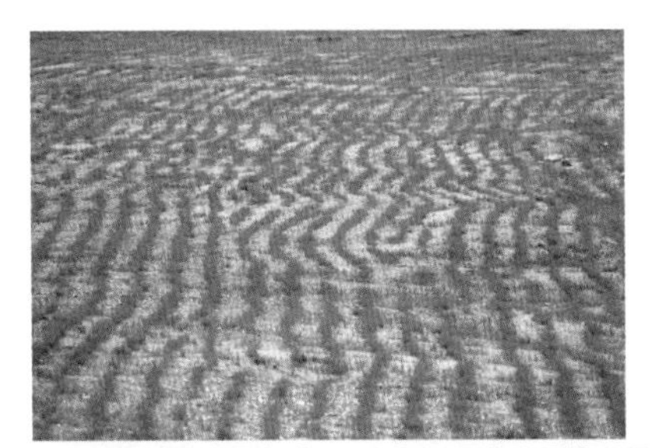
正在进行治理的黑土滩 ©三江源国家公园管理局

充分运用自然规律，当地人还研究出了“暗堡式野生动物洞穴”的灭鼠技术。他们通过就地取材，在鼠患较为严重的试验区，以300公顷至350公顷的区域为单位，设置人工石质洞穴，吸引沙狐、赤狐等野生动物入巢繁衍并捕食周边高原鼠兔，最终达到生态灭鼠、平衡生态的目标。“暗堡式野生动物洞穴”投入测试以来，取得一定成效，在灭鼠的同时还可促进草原生物链及区域生态系统的修复，为三江源地区提出了生态平衡视角下的鼠害防治新思路。[1]

水生生物的保护

黑土滩治理后 ©三江源国家公园管理局

高寒、高海拔等青藏高原独特的环境条件形成了诸多适应于高原特殊自然环境的水生生物物种。这些水生生物维系了高原水体生态，不仅是珍稀物种资源和后备种质基因库，也是我国高原生态环境链条的重要组成部分，具有物种保存、科学研究、生物多样性和自然资源保护的多重意义。

黄河源头区水生生物的保护重点为花斑裸鲤、极边扁咽齿鱼、拟鲇高原鳅、厚唇裸重唇鱼、黄河裸裂尻鱼、骨唇黄河鱼、黄河高原鳅等物种，以及高原湖泊、河网等重要生境。这些土著鱼类为青藏高原特有物种，为我国重要的珍稀物种资源，是地球上生命经过几十亿年发展进化的结晶。[2]

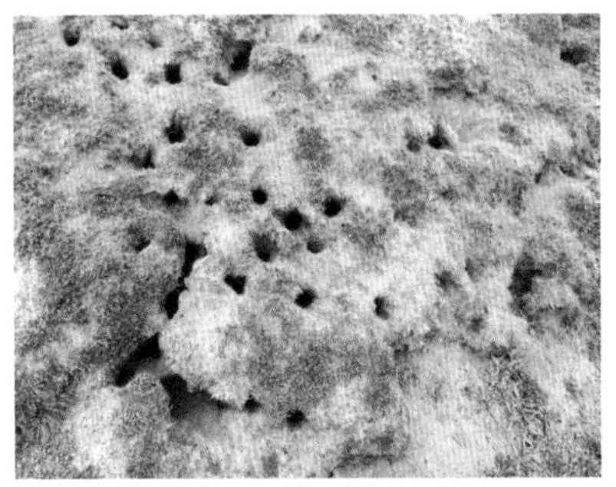
曾经，生态系统的失衡导致黄河源区鼠兔泛滥 ©李哲

三江源的扎陵湖、鄂陵湖两湖盛产花斑裸鲤等重点保护水生野生动物。2001年，实施封湖育鱼，使土著鱼类得到有效的增长，境内各种鱼类蕴藏量约2万吨。2005年，鄂陵湖、扎陵湖湿地被联合国《湿地公约》秘书处正式批准为国际重要湿地，这标志着我国面积最大、海拔最高，也是世界高海拔地区生物多样性最集中的三江源自然保护区成为全球最具影响力的高原湿地之一。

2013年6月值黄河水域鱼类产卵季节，80万尾青海省重点保护珍稀鱼类——花斑裸鲤鱼苗陆续被投放至黄河源区，以补充和恢复黄河水域珍稀濒危鱼类资源。[3] 5年后，黄河禁渔期制度的出台，对黄河流域水生生物资源养护起到重大推动作用。每年的4月1日12时至6月30日12时，黄河进入禁渔期，禁渔范围包括黄河干流和扎陵湖、鄂陵湖、东平湖等3个主要通江湖泊，以及白河、黑河、洮河、湟水、大黑河、窟野河、无定河、汾河、渭河、洛河、沁河、金堤河、大汶河等13条黄河主要支流的干流河段。

1. 新华网. 为老鼠的天敌“安个家”. www.sohu.com/a/236468267117503.
2. 青海省政府网. 保护三江源生态环境建设人鱼和谐新家园.www.qh.gov.cn/ztzl/system/2018/08/22/010310325.shtml.
3. 中国政府网. 青海在黄河投放珍稀鱼类80万尾补充濒危鱼类资源. www.gov.cn/jrzg/2013-06/04/content_2419246.htm.

自上而下政策的实施与民众生态意识的培养密不可分。青海当地组织黄河渔业资源保护宣传工作，农牧干部职工、各族群众和寺院僧侣等进行现场放流活动，让“不常见”的水生物种同样进入到保护的视野中。[1]

生物入侵与科学放生

青海省是生物多样性较为丰富的省份之一，被世界自然基金会列为全球生物多样性保护最优先的地区之一。在生态环境部南京环境科学研究所发布的《2017年全国生物多样性观测报告》中，通过比对2012年至2017年的连续观测数据发现，青海湖湿地的水鸟种类总体呈现逐渐上升趋势。而2017年以来，根据公开的报道数据，这里几乎每年都能观测到新出现的越冬鸟类，比如灰颈鹀、小滨鹬、草鹭等。截至2019年，青海湖已观测到的鸟类种类数量已经增加至225种。

近年来，保护生物多样性在政策上也体现出更多的价值共识。目前，青海省90%的国土空间规划为禁止开发和限制开发区域，明确将生物多样性和水源涵养作为最重要的两大主导生态功能，实行严格保护。

三江源地区所在的青海省作为中华民族的重要生态屏障、“高原野生物种基因库”、世界高海拔地区天然湿地，更因脆弱尤显珍贵，因此提醒我们需要关注生物入侵与科学放生。

生物入侵是指，某种生物从外地自然传入或人为引种后成为野生状态，并对本地生态系统的生物多样性、农林牧渔业生产甚至人类健康等造成一定危害。生物入侵不仅破坏区域生态环境，同时造成严重经济损失。特别是一些有害生物可携带动物疫病或植物疫病的病原，通过入侵，在合适的外界环境条件下，极易引起区域内动物疫病或植物疫病的暴发或传播。

招鹰架是近年来三江源国家公园探索的生态治理方式 ©三江源国家公园管理局

1. 青海省政府网. 保护三江源生态环境 建设人鱼和谐新家园.www.qh.gov.cn/ztzl/system/2018/08/22/010310325.shtml.

丰富的生物多样性类型与脆弱的生态条件并存，加之薄弱的农牧业基础，一旦有生物入侵，将对三江源地区的高原生态系统和农牧业生产安全形成不可预计的负面影响。

因此，在高原生态脆弱区域的宗教性放生活动应需谨慎对待。近年来，在三江源区监测到较多外来物种，如鲤、鲫、池沼公鱼、麦穗鱼、泥鳅、棒花鱼等，外来物种个体优势明显，其中鲤科鱼类的个体往往比土著鱼大3至4倍，说明它们不仅适应了当地环境，并且占据了优势的生态位，占用了更多的食物等资源。背后的原因是很多放生者不了解放生的潜在风险，自发的放生活动屡禁难绝，给生态环境带来风险。

为了防止外来物种对土著物种的侵害，2009年、2013年，青海省政府发出《关于规范水生生物增殖放流和民间放生活动》通知，希望通过加强对随意性放生的监管，引导和规范群众环保放生、生态放生。在新的时代背景下，三江源国家公园体制试点的工作更进一步强调了自然保护人人有责的基本原则，尊重高原的生态环境不仅意味着尊重地方风俗，同时也包含理解地方生物多样性的脆弱，尊重环境的复杂特性，让这个世代的雪域高原更持久地获得生态安全。

招鹰架上的大鵟 ©郭陶然

06

国家公园的引领创新

三江源国家公园作为中国第一个由中央批准的国家公园体制建设试点，特殊的身份赋予其独特的使命——以解决自然资源保护与监管中的“九龙治水”和“碎片化”问题为出发点，探索国家公园自然资源资产与国土空间用途管制的“两个统一行使”实施路径，从而为国家公园的国家所有、全民共享及世代传承奠定坚实的体制基础。

这样的使命带给黄河源园区试点巨大的挑战。一方面，这里的湖泊、湿地、高寒草甸、草原等多样的高原生态系统与生物多样性是最为重要的保护对象；另一方面，事关国家公园的每一步探索又会切实涉及世代居住在这里的19个行政村2687户家庭的生活。人与自然在这里既相互依存又相互影响。相比长江源与澜沧江源园区，黄河源区在历史上受到不合理的人类活动更为严重的影响，地广人稀、点多线长的交通现状更加剧了社会治理方面的困难。为此，如何创新管理服务模式，有效推动各项国家公园工作的落地生根，成为黄河源园区建设中亟待破解的问题。

这样的国家公园建设之路，最终需要社会多方力量协同参与，从而将国家公园这一体制沉淀下来。一如在其总体规划中提出的目标：“将三江源国家公园建成青藏高原生态保护修复示范区，共建共享、人与自然和谐共生的先行区，青藏高原大自然保护展示和生态文化传承区，向全世界展示面积最大、海拔最高、自然风貌大美、生态功能稳定、民族文化独特、人与自然和谐的国家公园。”

©李友崇

共护河源

连接扎陵湖与鄂陵湖的措日尕则山顶，矗立着已故十世班禅和胡耀邦同志在1988年题写的黄河源头纪念碑。这是每一位来到黄河源区的访客必会登临的场所。如何守护这片千年未变的景色，需要我们每一个人的努力。

WWF

6.1 国家公园的“诞生”之路

中国为什么要在今天开始国家公园的建设？作为中央批准的第一个国家公园试点，三江源国家公园试点的独特性和意义在哪里？与国内外已建立的公园有哪些不同？如果我们将国家公园与新中国的自然保护历程结合起来，或许会更加理解上述问题。

国家公园的前世今生——自然保护地体系

根据世界自然保护联盟（IUCN）的定义，自然保护地是指一个明确界定的地理空间，通过法律及其他有效方法获得承认、得到承诺和进行管理，以实现对自然及其所拥有的生态系统服务和文化价值长期保护的陆域或海域。1994年，IUCN将全球保护地划为6种类型，分别为：Ia严格自然保护区，Ib荒野区；II国家公园；III自然纪念区；IV栖息地/物种管理区；V陆地/海洋景观保护区；VI资源管理保护区。这些保护地的主要功能在于科学研究，荒野地保护，保存生态系统、物种和遗传多样性，维持生态服务，保持特殊自然和文化特征，游憩、体验和娱乐，教育，持续利用自然生态系统内的资源和维持传统的“人地关系”特征。

自然保护地体系是指为有效实现保护目标，将不同空间尺度和管理层级的若干数量自然保护地按照系统的组合和组织，形成有机联系又统一协调的自然保护整体。

自1956年广东省成立鼎湖山自然保护区以来，我国建立了以自然保护区为主体的众多自然保护地，此外还包括森林公园、湿地公园、风景名胜区、水源保护区等不同类型，面积约占陆地国土面积的18%，超过世界平均水平。在计划经济时期，这种按自然资源类型分部门管理的模式对确保自然资源的高效利用发挥了积极作用；但随着社会经济的快速发展，特别是自然资源及自然生态系统、生态服务需求与日俱增的背景下，原本的分部门管理模式弊端不断显现，单个、零散的自然保护地也难以满足全面的生态保护与发展需求。

汉语中对公园的定义

公园：供公众游览、观赏、休憩、开展科学文化及锻炼身体等活动，有较完善的设施和良好的绿化环境的公共绿地。如各种城市公园、主题公园、森林公园等。（住建部《公园设计规范》）

IUCN对国家公园的定义

随着自然保护理念的传播与普及，1994年IUCN从“保护优先”的角度提出了国家公园的定义并被世界各国所认同：一个广阔区域被指定用来为当代和子孙后代保护一个或多个生态系统的生态完整性，排除与保护目标相抵触的开采或占有行为，提供环境上和文化上相容的精神的、科学的、教育的、娱乐的和游览的机会。

美国黄石国家公园的大彩虹温泉（图片来源：维基百科）

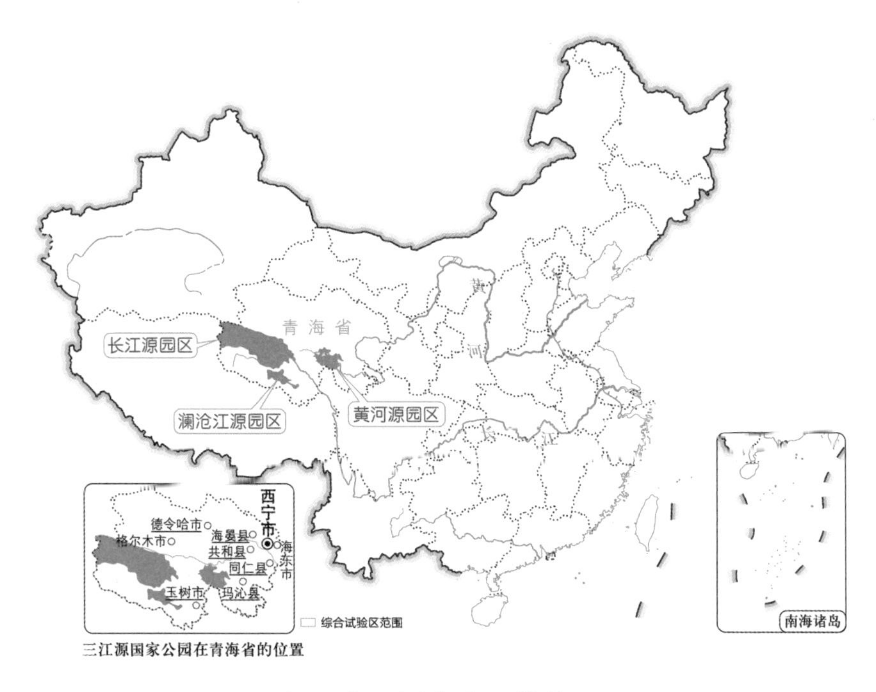

三江源国家公园在青海省的位置

三江源国家公园在中国的位置

> “在超过12万平方公里的三江源地区开展全新体制的国家公园试点，努力为改变‘九龙治水’、实现‘两个统一行使’闯出一条路子，体现了改革和担当精神。要把这个试点启动好，实施好，保护好冰川雪山、江源河流、湖泊湿地、高寒草甸等源头地区的生态系统，积累可复制可推广的保护管理经验，努力促进人与自然的和谐发展。”
>
> ——习近平

> “青藏高原生态保护修复示范区、三江源共享、人与自然和谐共生的先行区、青藏高原大自然保护展示和生态文化传承区。”
>
> ——《三江源国家公园体制试点方案》

以国家公园为主体的自然保护地体系建设，正是在这一背景下提出的重要生态目标。2019年1月23日中央全面深化改革委员会在第六次会议上，审议通过了《关于建立以国家公园为主体的自然保护地体系指导意见》（以下简称《意见》），《意见》是我国自然保护地体系的顶层设计，强调了实施自然保护地统一设置、分级管理、分区管控，把具有国家代表性的重要自然生态系统纳入国家公园体系，实行严格保护，形成以国家公园为主体、自然保护区为基础、各类自然公园为补充的自然保护地管理体系。通过在不同空间尺度和保护层级上形成网络，确保在具有代表性和生态活力的自然保护地体系内，重要的生态系统、栖息地、物种和景观得到全面保护，从而有利于从宏观和全面的尺度维护景观、栖息地及其包含的物种和生态系统的多样性，确保受保护对象的完整性和价值得到长久维持，为区域保护战略做出贡献。

国家公园

指由国家批准设立并主导管理，边界清晰，以保护具有国家代表性的大面积自然生态系统为主要目的，实现自然资源科学保护和合理利用的特定陆地或海洋区域。

自然保护区

指对有代表性的自然生态系统、珍稀濒危野生动植物物种的天然集中分布区、有特殊意义的自然遗迹等保护对象，依法划出一定面积予以特殊保护和管理的陆地、陆地水体或者海域。从概念上看，这对自然保护领域的“孪生兄弟”大同小异，的确有不少相似之处。

自然公园

是自然保护地体系的重要补充。自然公园是以生态保育为主要目的，兼顾科研、科普教育和休闲游憩等功能而设立的自然保护地，是指除国家公园和自然保护区以外，拥有典型性的自然生态系统、自然遗迹和自然景观，或与人文景观相融合，具有生态、观赏、文化和科学价值，在保护的前提下可供人们游览或者进行科学、文化活动的区域。

过去自然保护工作中面临的重要问题

- 自然保护地布局不合理，出现保护空缺；
- 自然保护地分散，完整性、连通性不足，破碎化、孤岛化现象显现；
- 多头管理，交叉重叠，影响生态服务功能整体发挥；
- 自然资源产权不够清晰，非国有土地进入自然保护区，管理难度大；
- 经济发展和自然保护矛盾尖锐，地方积极性下降；
- 居民贫困，社区关系不够协调；
- 人才缺乏，经费投入不足。

全球的国家公园建设背景

国家公园的构想最早由美国画家乔治·卡特琳于1832年提出，译自英文“National Park”。自1872年世界第一个国家公园——美国黄石国家公园——诞生以来，截至2014年7月，世界各国建立的国家公园已经达5220处[1]。作为统筹协调生态环境保护与资源利用的管理模式，国家公园在很多国家已经形成一套相对成熟的管理和保护经验。

国家公园通常是指那些陆地和（或）海洋地区，它们被指定用来：1. 为当代和子孙后代保护一个或多个生态系统的生态完整性；2. 排除与保护目标相抵触的开采或占有行为；3. 提供在环境上和文化上相容的精神的、科学的、教育的、娱乐的和游览的机会。

在功能定位上，国家公园是以生态保护、科研宣教和游憩利用为管理目标的一种保护地类型，始终将公益服务摆在首位，其自然性程度仅次于Ia严格自然保护区和Ib荒野区，且在一定空间范围和资源利用上为游憩和社区发展留有余地。国际上IUCN认可的国家公园特指保护区系统中的第Ⅱ类，然而，全世界很多现有的国家公园与第二类定义的国家公园大不相同。

全球目前已经有200多个国家和地区建立了近10,000个国家公园。

1. 江源. 让三江清流滋润华夏大地. 生态三江源, 2017, 03.

三江源国家公园黄河源园区碑 ©冶青林

中国的国家公园建设

在中国，长期以来，围绕国家公园尚未有统一规范的建设和认定标准，而是主要以国家森林公园、国家湿地公园、国家地质公园等形式存在，国家公园是一个刚起步、相对陌生的概念。2013年，党的十八届三中全会上提出"建立国家公园体制"，到2015年1月20日国家发改委等十二部委联合发布《建立国家公园体制试点方案》，标志着我国国家公园体制正式进入试点探索的阶段。

2019年6月26日，中共中央办公厅、国务院办公厅印发了《关于建立以国家公园为主体的自然保护地体系的指导意见》，标志着我国自然保护地进入全面深化改革新阶段，有利于对系统保护国家生态重要区域和典型自然生态空间，全面保护生物多样性和地质地貌景观多样性，推动山水林田湖草生命共同体的完整保护，为实现经济社会可持续发展奠定生态根基。

但我们该如何选择国家公园的试点？中国的地域广袤，蕴含着丰富的自然资源类型，相应国家公园的数量与类型必然具备一定的规模。在中国建立和管理国家公园，一方面要吸收国外的先进经验，但另一方面，由于历史文化背景以及制度框架上存在的巨大差异，国外的经验很难直接应用到我们的国家公园体制的试点中。在中国，保护地中存在多种土地权属、多个管理部门以及多元使用权、收益权群体的特征。如何通过体制创新解决这些问题，从而为全国提供可复制、可推广的国家公园保护管理模式，是时代赋予国家公园试点的重要挑战和首要任务。

三江源国家公园是我国第一个国家公园体制试点。2015年12月9日，习近平总书记主持中央全面深化改革领导小组第19次会议。会议审议通过了《三江源国家公园体制试点方案》，并在次年3月5日由中共中央办公厅、国务院办公厅正式印发。在一个中央高层的会议上讨论国家公园首个试点的选择，这种不同寻常重视的背后，是三江源地区所具有的独特意义对国家公园试点这一身份的回应。

三江源区域内发育和保有着世界上最原始、大面积的高寒生态系统，尤其是冰川雪山、高海拔湿地、高寒草原草甸具有极其重要的水源涵养功能，维系着全国乃至亚洲生态安全命脉，也是对全球气候变化反应最为敏感的区域之一。同时，三江源是全国32个生物多样性优先区之一，这里有野生维管束植物2238种，国家重点保护野生动物69种，占全国国家重点保护野生动物种数的26.8%。藏羚羊、雪豹、白唇鹿、野牦牛、西藏野驴、黑颈鹤等特有珍稀保护物种比例高，素有高原生物自然种质资源库之称。因此，选择三江源头典型和代表区域开展国家公园体制试点，有助于解决生态环境局部退化趋势尚未根本扭转的问题，通过强化其国家地位更好地实现对该区域自然生态的系统保护和整体修复。

这种独特的意义，赋予了中国第一个国家公园试点更为多元的内涵。与西方概念中的国家公园相比，三江源国家公园在提出"保护优先"和"国家象征"的基础上，更第一个提出统筹国家生态安全的战略目标。按照《三江源国家公园体制试点方案》的要求，三江源国家公园不仅要有保护、展示和传承自然与文化，为游客提供游憩场所这样的功能，而且也承担着树立和示范一种创新的区域性保护与发展模式，从而推动和保障具有国家战略意义的重要生态功能区的全面保护与协调发展。在这层意义上，三江源国家公园不仅超越了传统的保护区和以游憩为主的"公园"的范畴，也超越了IUCN对国家公园的定义，具有更为深远的影响。

2016年三江源国家公园黄河源园区国家公园管理委员会正式挂牌　©三江源国家公园管理局

面向未来的全球推广

2019年5月，三江源生态保护基金会联合三江源国家公园管理局举办了首届“青藏高原生态文明建设”论坛，以全面推进三江源生态保护，深入研究三江源生态保护领域的前瞻性、趋势性问题，进一步深化同国际国内在生态环境保护领域的交流合作，发出更多生态文明建设的“青海声音”，展示有力的“三江源行动”。未来，“青藏高原生态文明建设”论坛将每年举行一届，成为生态文明建设理论探索和经验交流的重要平台、跨界合作的重要桥梁和展示生态文明建设成果的重要窗口。在逐步积累经验的基础上，论坛将引入商业营运模式，着力把论坛打造成既有学术权威性，又有资金募集功能的品牌活动，成为生态文明建设理论研究的新高地、资金募集的新渠道，扎实推进青藏高原生态环境保护理论研究，为三江源生态保护和国家公园示范省建设做贡献。

2019年6月，青海省人民政府、国家林业和草原局共建以国家公园为主体的自然保护地体系示范省启动大会在西宁召开。建立以国家公园为主体的自然保护地体系示范省，青海具有得天独厚的基础条件，青海省最大的价值在生态，最大的责任在生态，最大的潜力也在生态，由此决定了全省上下必须牢固树立尊重自然、顺应自然、保护自然的生态文明理念。随着三江源、祁连山两个国家公园试点工作的全力推进，创下了具有青海特色的国家公园经验。同时，着力理顺自然资源所有权和行政管理权关系，有力改变了“九龙治水”局面，切实解决了执法监管“碎片化”问题，取得了实实在在的成效和进展。

2019年8月，青海省人民政府与国家林草局（国家公园管理局）以“建立以国家公园为主体的自然保护地体系”为主题，举办首届国家公园论坛。并举办了自然保护地的管理与创新、自然保护地的社区发展与全民共享、生物多样性保护、自然遗产地的未来、水生态文明及“中华水塔”保护、生态文化传承、野生动物监测与保护、自然教育和生态体验等分论坛。

论坛邀请相关政府部门代表、科研机构与高校代表、国家公园体制试点所在省相关负责同志、国家公园管理机构负责人及代表重要国际组织的负责人和代表、与我国在生态文明领域签署有合作协议的国家代表、国内外NGO组织、业界知名专家学者代表等300名左右人员，分享国内外国家公园及自然保护地的建设和管理经验,汇集最新实践，形成行动共识，展现生态文明新时代的中国自信，促进人类命运共同体理念下的自然保护地体系建设事业健康发展。

三江源国家公园也在同步准备申报联合国“地球卫士奖”，进一步走向世界，展示其珍贵的自然资源价值，及其守护的背后各方的付出与努力。

三江源地区自然保护行动大事记

2000
8
三江源自然保护区成立。
2005
1
国务院第79次常务会议**批准了《青海三江源自然保护区生态保护和建设总体规划》**，从这一刻起，三江源的生态保护和建设纳入正轨。
2011
11
由国务院总理温家宝主持召开的国务院常务会议上，决定在青海三江源地区建立“国家生态保护综合试验区”，**从战略高度上为三江源地区的保护和建设赋予了新内涵：以改善生态环境为前提，加强生态保护和建设，构筑国家生态安全屏障。**
2013
国务院通过了《青海三江源生态保护和建设二期工程规划》，于次年正式启动。三江源自然保护区的生态治理范围从15.2万平方公里扩大到39.5万平方公里，成为海拔平均4000米左右的**世界高海拔地区生物多样性最集中的自然保护区、我国海拔最高的天然湿地和三江生态系统最敏感的地区。**
2015
12
习近平总书记主持中央全面深化改革领导小组第19次会议，审议**通过了《三江源国家公园体制试点方案》，于次年3月发布。**
2016
6
三江源国家公园管理局正式挂牌。
2018
1.12
国家发展和改革委员会正式**印发《三江源国家公园总体规划》**，标志着三江源国家公园建设步入全面推进阶段。

6.2 守护与转型中的新生

总面积12.31万平方公里的三江源国家公园，包含了丰富的高寒生态系统类型及其生物多样性，是国内外其他国家公园难以比肩的。因此，国家公园试点的核心必须要从体制与机制的创新开始。通过在管理体制创新、生态保护模式创新和社会参与模式创新等多个领域的探索，形成中国特有的体制创新。

管理体制创新："大部制"破解"碎片化"管理

在管理体制上，三江源国家公园试点面临的最大挑战是如何解决"九龙治水"、执法监管"碎片化"的问题，克服政出多门、各自为政、分散管理的弊端，从而实现国家公园范围内自然资源资产管理和国土空间用途管制的"两个统一行使"。而成立三江源国家公园管理局，推行大部制改革，正是应对这一问题的最重要举措。

三江源国家公园成立后，黄河源园区所在的玛多县进行的变革，正是国家公园试点保护管理体制创新的缩影。一方面，以三江源国家公园管理局设立为契机，在黄河源园区设立国家公园管理委员会，代表政府行使管理职责，进行"三个划转整合"，将黄河源区原有的国家湿地公园、重要饮水源地、国际重要湿地、自然保护区等各类保护地进行功能重组，实行管委会统一集中管理，从而彻底改变过去多个部门分别管理冰川雪山、草原草甸、森林灌丛、河流湿地、野生动物的局面，实现对山、水、林、草、湖的统一和整体保护；同时，将原先分属于森林公安、国土、环保、水利、草原监理等不同机构的执法职责整合，统一下设生态环境和自然资源管理局，从而构建归属明晰、责权明确、监管有效的生态保护管理新体制，实现完整意义上的"两个统一行使"的创新目标。

这些措施显著提升了三江源国家公园保护管理的效能，其力度与深度远超2006年以来我国通过部门审批以及地方立法挂牌建立的所有"国家公园"。这是对我国原有的各类公园管理体制的一次重大突破，也是对我国原有的自然保护管理体制的重大创新。

三个划转整合

将国家公园所在县涉及自然资源管理和生态保护的有关机构职责和人员划转到管委会；将公园内现有各类保护地管理职责全部并入管委会；对国家公园所在县生态资源环境执法机构和人员编制进行整合。

在黄河源区巡护的生态管护员 ©陈璘

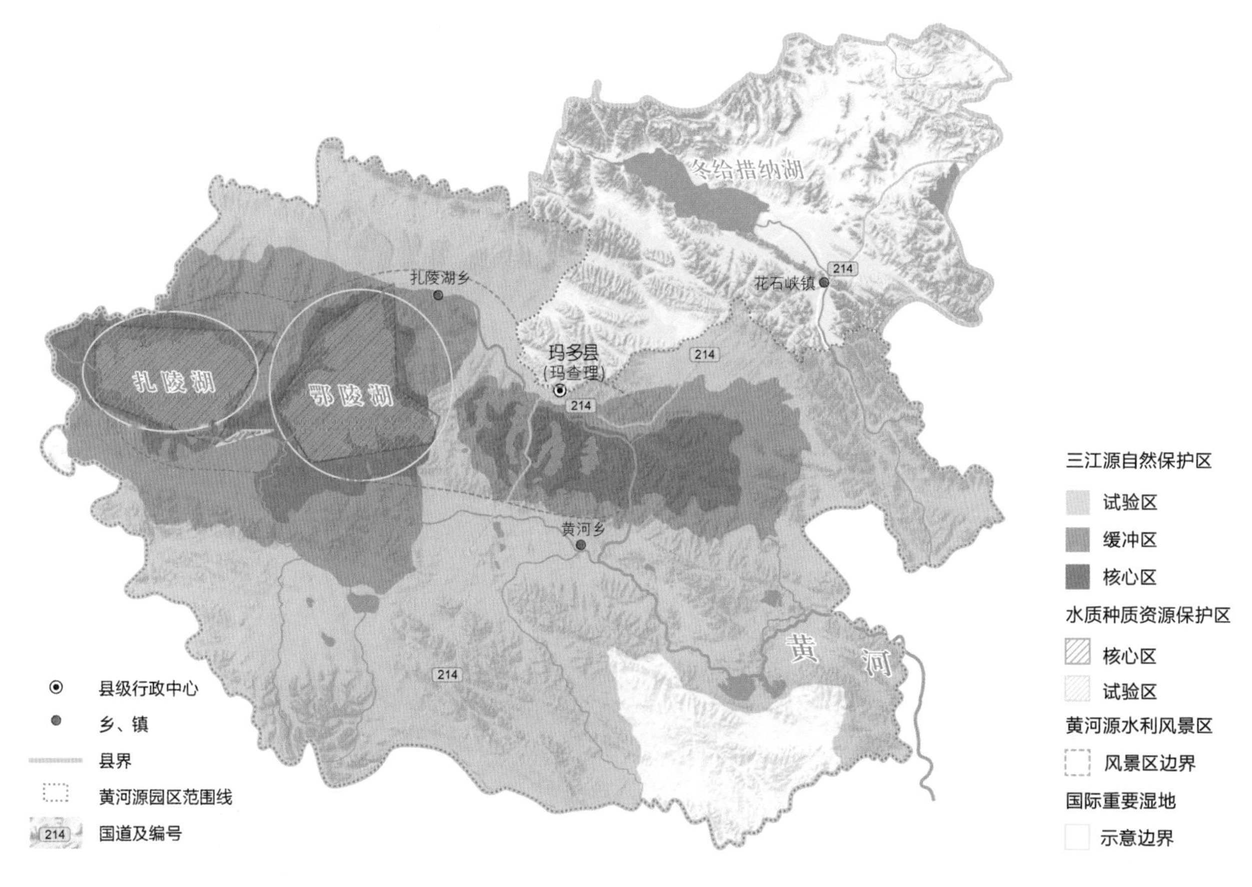

三江源国家公园生态保护区

构建生态保护新模式

生态保护是三江源国家公园试点的重中之重。中国环境科学研究院的一项研究成果表明，2010年三江源区生态资源资产价值总量约为14.5万亿元（以人民币计）[1]。其中，生态资源资产的价值远超生态产品的经济生产价值，再加上生态资源资产的不可替代性，围绕三江源地区的生态保护与生态资源资产保值增值就格外重要。

三江源国家公园分为包括长江源、黄河源、澜沧江源在内的三个园区，生态环境各有差异，因此在生态保护模式创新中，如何寻求共性，注重差异，因地施策，差别化、综合化地开展保护治理工作成为重点。

各园区的差异性体现在：长江源区保护冰川雪山、高海拔江河湿地、高寒草甸生态系统和珍稀濒危野生动物，突出退化草地、沙化地及水土流失区的修复；黄河源区则重在保护高海拔湖泊湿地、草场退化的防治以及昔日千湖美景的生态恢复；澜沧江源区在于冰川雪山、冰蚀地貌、高山峡谷林灌木及雪豹等野生动物的保护，以及国际河流源区的塑造。在各园区内部，按照生态系统功能、保护目标和自然禀赋，将各园区划分为核心保育区、生态保育修复区、传统利用区等不同功能区，进而细化为大小不等的网格，一格一策，实行差别化保护和精准化的生态治理与利用。

治理成果

自2005年以来，伴随着退牧还草、沙漠化防治、鼠害防治、湿地保护等项目的实施，黄河源区的植被覆盖度明显提高，草原上的湖泊水位逐步回升，水源涵养功能初步恢复，突出表现在沼泽、湖泊的面积呈现扩大趋势。随着星星海生态环境的好转，鸟儿及鱼类的数量和种类也比以前增多了。在最新的卫星遥感监测影像上，鄂陵湖、扎陵湖的水域面积增加了166平方公里。不久的将来，多如繁星的星星海将再度显现在玛多的草原上。

1. 舒俭民. 三江源区是国家最重要的生态资源资产. 中国国家地理，2016增刊.

黄河源第一水电站的拆除

保护优先，体制创新，总会带来新老的交替与变革。一些曾经辉煌过的基础建设遗址，也见证着这些变化，在未来迎接新生。例如拆除中的黄河源第一水电站，它位于鄂陵湖湖口，处在国家公园缓冲区，对源区生态具有潜在威胁。回看2001年，这座屹立于海拔3980米的水电站在历尽艰难中建成投运，给曾是全国28个无电县之一的玛多县带来了便利。2003年，水电站因源头断流而被迫停运，此后，因水量不稳定导致电站效益一般。2016年，果洛州并入大电网，水电站完成了历史使命，同时因国家公园试点的建立，开始了拆除改造的新旅程。 ©陈璘

生态管护机制促进和谐共生

三江源国家公园与北美、澳洲以及北欧等地的国家公园鲜明的区别在于，这个国家公园里居住着大量的人口。三江源国家公园是这些世世代代逐水草而居的牧民的家园。据统计，国家公园范围内的3个园区合计有12个乡镇，53个村，16,793户牧户、61,588人。其中贫困人口2.4万人。因此，处理好生态保护与当地民生改善的关系、保障国家公园的全民性和公益性、实现人与自然和谐共生，成为国家公园体制试点的又一创新重点。

通过社区转型治理，引导当地群众积极参与国家公园的保护和管理，并从中受益，是国家公园社会参与创新的重要一环。目前，三江源国家公园三个园区全面实现了"一户一岗"，共有17,211名生态管护员持证上岗。

而黄河源园区通过创新实践，把园区内外3042名生态管护员转化为网格管理员，赋予生态管护、基层党建、精准扶贫、维护稳定、民族团结进步创建、精神文明建设六项职能，建立"六位一体"网格化管理新机制，把生态管护员的作用发挥到最大化，促进群众增收与创新社会治理同步共进，在推进牧民从单一的养殖、生态看护向生态生产生活良性循环转变上，迈出了第一步，探索出了符合玛多改革发展稳定实际的一条新路子，开启了藏区社会治理新模式。

玛多县主要展开的工作

一是建立组织机构。县级组建生态保护站，具体负责园区内外生态管护公益岗位设置、生态管护员选聘培训工作，指导乡镇保护管理站做好生态管护员管理，实行"组织化巡查、网格化管理"。

二是合理设置岗位。按照山水林草湖一体化管护的要求，深入贯彻落实生态管护"一户一岗"政策，全县设置生态公益岗位管护员3042名，在园区内实现"户均一岗"全覆盖的目标。让牧民群众通过由传统的草原利用者转变为草原保护者，积极参与到国家公园建设之中。

三是明确岗位职责。坚持"一岗多责、一职多能"的原则，生态管护员转变为网格管理员后，按照"六位一体"管护职责，对管理责任区进行日常巡查，认真记录工作日志，按规定程序上报本区域有关情况，及时妥善处置有关问题。

四是合理划分网格。按照"组织化巡查、网格化管理"的要求，结合"党建、维稳"网格，实行乡镇、行政村、村民小组"三级网格"管理。

五是建立选聘机制。将年龄18至55周岁、遵纪守法、责任心强、有一定文化知识且懂藏汉双语作为选聘的基本条件，每户名额1名，对建档立卡的贫困户优先选聘。

六是建立业绩与收入挂钩机制。实行"基础工资+绩效工资"制度。基础工资占70%，每季度发放一次；绩效工资占30%，年终考核合格后一次性兑现。让牧民群众在参与生态保护、生态文明建设、国家公园体制试点建设中获得更多的实惠，增强了牧民群众的获得感和幸福感。

七是建立考核奖惩机制。对网格管理员履职情况，实行周点评、月通报、年评定制度，考核记录作为年终绩效考核依据，分优秀、称职、不称职三个等次。

八是建立教育培训机制。制订年度培训计划，落实培训师资力量和培训教材资料，采取定期和不定期相结合、村集体学习和远程教育培训相结合的方式，重点学习与六项工作职责相关的业务知识，着力提高网格管理员的思想认识、业务能力和工作水平。

带着"国家身份"的生态管护员们
生态报国的"赤子之心"

玛多县地广人稀，交通不便、点多线长、服务管理难度大，是玛多县在社会治理方面存在的实际问题。如何科学划分网格区域，整合原有党建、综治维稳等网格，有效推动网格内各项工作任务落地生根，打造好三江源国家公园黄河源生态功能核心区，成为亟待破解的问题。

"六位一体"网格化管理新机制，每个网格都是一个有团队、有组织、有场所的服务基本单元，更好地发挥了生态管护员"自我参与、自我管理、自我监管、自我服务"的作用，达到了"联系无缝隙、管理无盲点、服务无遗漏、安全无隐患、和谐有保障"。

园区大部分管护员都以畜牧业生产为生，收入低，参与社会公益的积极性不高，组织起来难度大。现在每名网格员实行"基础工资+绩效工资"方式，每月1800元工资按照基础工资70%、绩效工资30%的比例，以"一卡通"形式发放。园区内群众逐步实现了从被动接受管理向社会管理参与者的转变，从根本上打通了服务群众"最后一公里"的问题。

在国家公园"一户一岗"制度下，三个园区网格员优先从建档立卡贫困户中选聘，每户安排一个网格员公益岗位，不仅让这些牧民实现了投身建设国家公园的愿望，户均每年2万元以上的收入，在脱贫的同时切实享受到了生态"红利"。

为有效解决"谁来管、管什么、怎么管"的问题，玛多县明确了管护员以家庭为单元，以生产生活为抓手，把人、畜、地、物、情、事以及与群众密切相关的基层党建、生态管护、精准扶贫、社会稳定、民族团结、精神文明等全部纳入管理范畴，推动了社会管理向基层延伸，形成了资源向乡村聚集、网格向末端覆盖的新模式。

“六位一体”网格化管理模式，让黄河源园区形成了“点成线、网成面”的管理体系，解决了“简单划网格”，权责不对等，“干部干、群众看”，乡镇编制少、人员服务半径大、工作漏洞多的问题。使牧民逐步由草原利用者转为生态管护者，参与基层治理的主体意识明显提升，法治意识、生态保护意识显著提高，有效促进了人与生态环境和谐共生。

黄河源园区还特别邀请了生态专家和本土学者参与编写《生态管护员培训教材》，通过加大培训和继续教育力度，使生态管护员掌握管护工作的基本技能，提高了职责意识、法律意识、环境意识，并普及重温了传统知识和习俗，提高了当地群众参与生态保护管理能力，使园区的山水林草湖和野生动物得到有效保护，实现了人与自然和谐相处。

引领园区社区转型的马贵是三江源国家公园黄河源园区管委会生态保护站站长，1999年毕业开始参加工作，已在黄河源头工作了20年，把自己最好的年华都奉献给了脚下的这片热土。20年来，凭借对当地生态环境的充分认识，马贵和同事一道攻坚克难，强化野生动物栖息地保护，开展“爱鸟周”活动，做野生动物栖息地监测，开展野生动物救助……随着一项项工作的开展，当地草地生产能力及植被覆盖度明显提高，湖泊水域面积明显扩大，湿地生态和湿地功能整合性明显增强。4月10日，2018年度“斯巴鲁生态保护奖”获奖名单公布，马贵因在野生动植物保护和生态保护方面做出的突出贡献，获此殊荣。

未来，玛多县也会深入实践，以开展国家公园示范省建设为引领，坚持生态保护、民生改善、绿色发展、社会和谐稳定统筹推进，扎实推动黄河源园区生态保护行稳致远，全力筑牢国家生态安全屏障，确保一江清水向东流。

牢固树立尊重自然、顺应自然、保护自然的生态文明理念，以山水林草湖一体化管护为基础，着力打造玛多藏羊品牌，清洁能源、优势资源矿泉水开发，生态体验、文化产品开发，理顺各方面关系，加强统筹规划，实现生态生产生活共赢的目标。加大宣传力度，营造试点氛围。深入开展习总书记关于生态文明制度改革、国家公园建设重要论述，特别是党的十九大和省委十三届四次全会精神的宣传教育，引导干部群众在思想上、政治上、行动上与党中央保持高度一致，扎扎实实做好国家公园体制试点工作，切实把学习成果转化为促进经济发展、生态保护、民生改善的动力，促进人与自然和谐发展。

“六位一体”网格化管理的强化工作

黄河源园区以“五个强化”全面深化拓展“六位一体”网格化管理模式，从根本上解决了“简单划网格”，权责不对等，“干部干、群众看”，乡镇编制少、人员服务半径大、工作漏洞多的问题，探索出了一条符合玛多生产生活生态联动的有效途径。

一是强化组织领导。明确了“六位一体”共建共治共享基层社会治理模式的指导思想、基本原则、目标任务及责任单位、责任人，建立了责任清单和台账。

二是强化能力素质。有计划地分级对生态管护员开展政策法规、业务知识、职业道德等方面的培训，拓宽培训范围，创新培训方法，以专题辅导、以会代训、经验交流、情景模拟等形式，提高培训的针对性、可操作性和时效性。

三是强化建章立制。坚持用制度管人管事管权，加快健全完善各项工作制度、机制和流程，进一步推动“六位一体”工作制度化、规范化、常态化发展。

四是强化督促考核。建立健全督查机制，采取明察暗访、电话抽查、入户调查等方式，切实加大对生态管护员工作开展情况、各部门解决问题情况的督促检查力度，力促各项工作落到实处。

五是强化宣传造势。充分运用电视、报纸、标语、横幅、宣传橱窗、发放资料等方式，大力宣传创新基层社会治理的目的、意义和举措，使“六位一体”家喻户晓、人人皆知、深入人心。

监测体系与技术创新

联合中国科学院共同组建三江源国家公园研究院

“中国科学院三江源国家公园研究院”由中国科学院与青海省人民政府共建，研究院在中科院西北高原生物研究所挂牌成立，在起草完成《中科院三江源国家公园研究院发展规划》的过程中，提出在生物多样性保护与生物资源利用、生态系统功能变化与可持续管理、环境变化与水资源效应、生态环境监测与大数据平台建设、体制机制与生态文化传承和环境教育研究等5个方面寻求突破，助力三江源国家公园体制机制改革和生态环境保护，形成独具特色的国家公园管理和科研体系。

三江源国家公园生态监测信息中心的工作

自2016年开展国家公园试点以来，三江源国家公园初步建立了覆盖三江源国家公园的“天空地一体化”监测体系，对园区生态环境状况进行系统连续的监测，及时掌握生态环境状况和变化趋势。

完成卫星通信系统建设，基本解决无网络地区森林公安派出所日常办公、巡护中的上网和通信问题，实现了园区生态、管理、社会信息的高效安全联通。

提高遥感监测能力，通过系统制订数据采集计划，提交数据采集申请。同时，实现对原始数据的基础处理，保障业务运行。

完成生态大数据中心（一、二期）项目建设，建立国家公园云管理系统和为管理、科研服务具备云计算能力的大数据平台，完成数据管理、传输管理和信息安全等基本软硬件建设。生态大数据中心（三期）建设目标，则以“一张图”为基础，构建公园时空大数据体系；以数据共享为前提，实现横向联动与纵向贯通；以高性能技术为支撑，实现超大规模数据服务；以应用为突破点，支持公园智能化管理的“智慧三江源‘一张图’平台建设思路”，至2020年建成科技化、信息化支撑国家公园建设管理的典范。

强化生态环境状况监测评价工作中，已建立三江源国家公园、三江源国家级自然保护区、可可西里自然遗产地生态环境状况、结构、功能、资源环境承载能力以及生态修复成效等为目标的定期评价制度。

建设三江源国家公园基础数据库，为建立“共享交换、数据汇集、开放应用”的大数据平台做好数据支撑,收集数据逐步汇集形成“三江源国家公园基础数据库”。现已收集规划体系、法律法规、标准体系、公园管理、项目档案、生态监测报告等文字资料和国土地理信息等数据。

加强合作，科技建园。加强与中国航天科技集团的合作，建立了“天地一体化信息技术国家重点实验室—三江源国家公园分室”，重点研究卫星遥感、卫星通信传输、无人机、地面遥感感知、时空大数据挖掘等空间信息技术与产品，优化“天空地一体化”生态监测和广域卫星通信系统传输技术体系，推动空间信息在三江源地区的人类活动与生态系统基准建设、环境监测采集与评估以及环境变化规律挖掘等特色领域的应用理论研究、技术攻关与产品推广。

创新试点的主要成效

一是构建生态保护新机制。目前全面实现了生态管护公益岗位“一户一岗”，3042名生态管护员持证上岗，户均年收入增加21,600元。促进了生态保护与民生改善相协调，解决了牧民收入来源单一等现实问题，让更多的群众享受到了国家公园建设的红利，既解决了群众的脱贫问题，又激发了群众保护生态的原动力，成为了实现生态、生产、生活共赢的现实举措，成为了发挥群众在生态保护中主体作用的有效手段。

二是构建生产生活联赢机制。生态保护与精准脱贫相结合，建立国家公园共享共建长效机制，充分调动其参与保护生态的积极性，积极主动参与国家公园建设，使牧民群众能够更多地享受改革红利。逐步搭建起了牧民群众发挥生态保护主体作用、社会参与生态保护的平台与载体，不断激发牧民群众和社会力量参与生态保护的动力，牧民的幸福指数明显提升，收入呈现多样化，有力增进了藏区各民族团结，促进了社会和谐稳定。

三是构建藏区治理新模式。结合藏区维护稳定，突出以党建引领一切的工作思路，进一步强化基层党建和维护社会稳定职能，构建共建共治共享的社会治理新模式，引导牧民群众坚决执行党建网格化管理，加强基层组织建设，认真完成乡（镇）党委、村委会安排的各项工作任务。加强牧区社会治安网格化管理，加强预警预防工作，做到对网格区内人、地、事、物、情等底数清楚，情况明白，并建立健全社会稳定风险评估机制和突发事件应急处置工作机制、巡护保障机制。

四是构建绿色发展新蓝图。坚定践行“绿水青山就是金山银山”的理念，立足玛多是黄河源头第一县，是三江源国家公园体制试点县之一的实情，把玛多的发展置于全国生态战略框架内去思考、去谋划，置于青海乃至全国的可持续发展中去把脉、去定位，提出了“实现四新目标，奋力打造三区，建设三个基地”的绿色发展工作思路。

五是构建全民参与新格局。生态保护利用政府门户网站、《玛多微宣》、报刊媒体等宣传平台，开展“图说玛多”“天上玛多摄影展”“情系黄河源书画展”等宣传活动，凸显出“饮水思源，‘源’出玛多”“全国人民的玛多”的生态主题，全面介绍黄河源园区体制试点工作中的经验做法，展示黄河源区的湖泊河流、草原雪山、民俗风情、野生动物等，积极推介黄河源园区，传播母亲河厚重的历史文化，使广大干部群众充分认识到玛多生态的重要战略意义，增强了生态自信，树立了生态理念，并自觉转化为实践行动。

三江源国家公园的科研工作框架

系统的科研工作是三江源国家公园生态保护与发展的基石。具体来说，在三江源国家公园需要开展的工作包括：

综合资源和环境背景的评估，生态系统的监测与功能评价，生物多样性保护与保育研究、退化生态系统恢复和自维持机制研究；高寒草地综合利用关键技术及适应性管理、智慧畜牧业及其产业体系、原生药材利用及研发等；建立大科学数据平台和若干长期野外观测研究站，从而为科研创新和示范推广奠定基础。

——中国科学院兰州分院院长 王涛

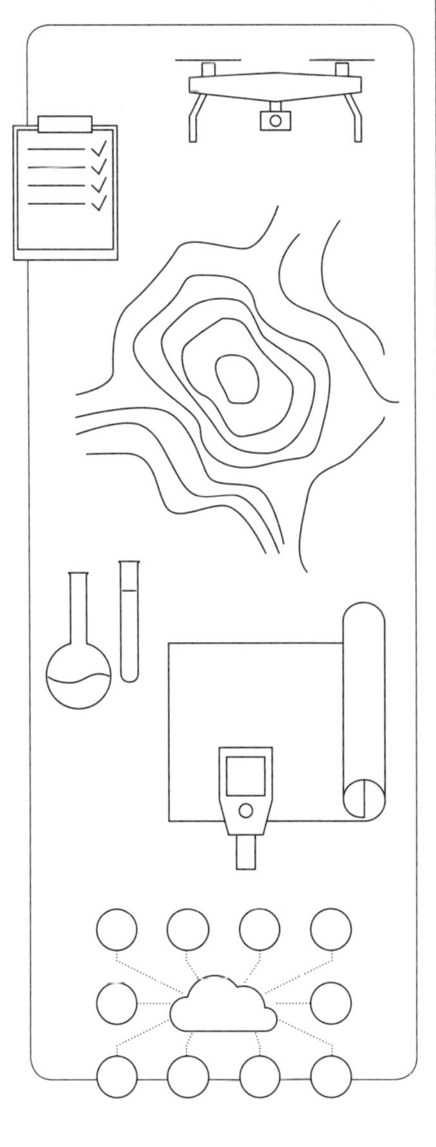

第二次青藏科考

全称为第二次青藏高原综合科学考察研究。这是我国自20世纪70年代后，再次对青藏高原展开的大规模综合性科考，整个行动启动于2017年，预计持续5~10年。合理的生态保护，需要三江源和青藏高原地区系统和深入的科学研究成果作为支撑。

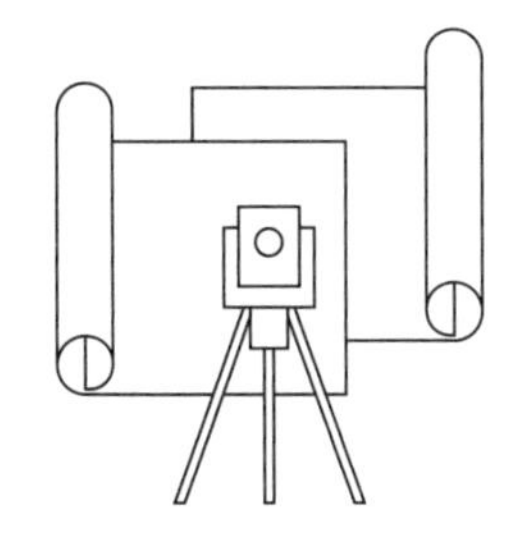

三江源国家公园大数据中心

大数据将成为三江源国家公园统筹科研工作的重要技术手段。通过三江源国家公园大数据中心以及自然资源本底调查云服务平台等多个信息管理和展示平台的筹建，不同科考团队野外调查项目的数据，可以在这里汇总，并向相关研究机构开放。

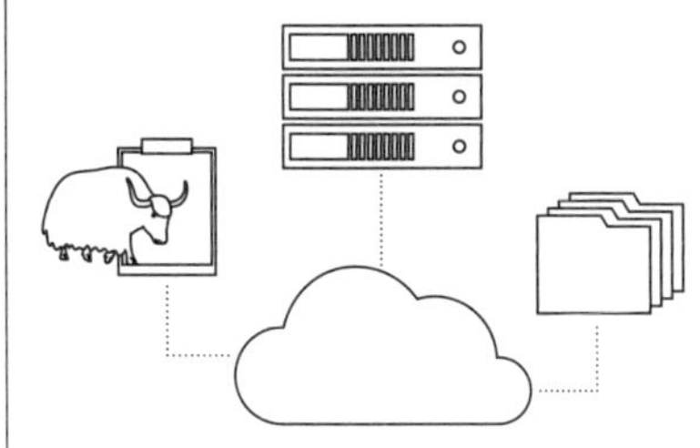

6.3 家国情怀的共建与传承

仅有牧民参与保护的社区转型是远远不够的。在三江源国家公园的体制试点中，通过搭建国家公园这个平台和载体，吸引各类社会团体、公益组织和志愿者积极投身到生态保护和国家公园建设管理中来，构建三江源生态保护的广泛同盟，最终形成人人关注、人人参与三江源国家公园生态保护和共建共管共享格局。

多方参与的社会力量

保护三江源离不开全社会企业和民众的积极参与，三江源国家公园与世界自然基金会、中国生物多样性保护与绿色发展基金会、北京巧女基金会、广汽集团、山水自然保护中心等社会组织和企业的战略合作不断取得新突破。

自2016年起，三江源国家公园启动了与世界自然基金会和广汽集团的三方合作，首创社会参与中国国家公园建设的先河，并从国家公园生态保护和修复、科研监测、科普宣教、社区参与、志愿服务、政策推动等领域开展积极并卓有成效的实践探索。

在数据信息系统搭建上，三江源国家公园与北京新知感科技有限公司合作，已完成生态管护员信息系统平台建设、生态管护员巡护系统平台建设，目前各园区正在开展生态管护员信息采集工作。

同时，三江源国家公园六次配合青海省自然资源厅和省水利厅开展可可西里水患治理调研等相关工作，联合国家林草局昆明勘察设计院编制了《青海省可可西里盐湖引流疏导应急工程对青海可可西里世界自然遗产地影响评价报告》和《青海省可可西里盐湖引流疏导应急工程对青海可可西里国家级自然保护区生物多样性影响评价报告》，并报送国家林草局和联合国教科文组织备案。

三江源国家公园也与山水自然保护中心建立了长期的合作关系，在澜沧江源园区展开了公益管护员培训、生态监测技术手册建立、科普宣传、自然体验设计、社区发展研究、举办相关科学研究与保护论坛如“国际生物多样性日”系列活动、雪豹保护论坛、共建生物多样性大数据研究库等工作，并通过志愿者招募参与三江源国家公园的志愿服务，邀请对三江源国家公园感兴趣的自然科学爱好者，以科学调查为主要方式，参与生物多样性监测、自然体验讲解等活动，为国家公园建设提供可操作建议，并制定国家公园志愿者参与的标准流程。

在金融支持上，“绿色金融助力三江源国家公园”的主题活动，联合省金融办、人行西宁中心支行、省银监局、国家开发银行青海省分行、建行青海省分行等多家金融机构，积极参与探索研究绿色金融体制机制、园区金融服务需求，研究起草建立绿色金融工作协调机制；完成了与中信银行、兴业银行、太平洋保险公司、建行青海省分行战略合作框架协议的签订，各金融机构的融资捐赠帮助了三江源国家公园1.7万名生态管护员在工作中得到意外伤害、医疗等保险保证。

湿地使者的年轻行动力

面向企业的多方行动

2017年，广汽传祺首次发起“护源有我”湿地使者行动，并于5、6、7三个月分批次组织员工志愿者、供应商志愿者和媒体志愿者奔赴三江源地区。

广汽传祺率先从企业自身员工出发，鼓励员工成为三江源湿地保护的使者和先行力量。经过内部招募与甄选，来自广汽传祺各领域的优秀员工组成的志愿服务团队，成为首批“广汽传祺护源使者”。首批湿地使者在黄河源地区开展湿地保护、生物多样性观察、社区服务、环境宣教等志愿者服务工作，实践三江源“护源使者”环保行动。湿地使者行动也吸引了供应商志愿者、媒体志愿者和经销商与车主志愿者，借助志愿者的传播不断扩大影响范围，三江源国家公园获得了社会各界的高度关注和良好反馈。

企业与媒体志愿者参与 ©广汽传祺

面向高校在学生心中播撒环保的种子

“湿地使者行动”是世界自然基金会为提高公众的湿地保护意识而开展的一项大型公益宣传活动，旨在发动和组织全国有关高校的大学生环保社团和环保爱好者，利用其节假日和课余时间开展湿地保护的宣传和调查工作。自2001年以来，活动已经成功开展了14届，在国内外产生了广泛的影响和一致的好评。

湿地使者行动合影 ©韦宝玉

三江源国家公园内，分布着国际重要湿地扎陵湖一鄂陵湖、国家级自然保护区星星海等具有高保护价值的湿地生态系统，由于气候变化和过度放牧等对三江源的高原湿地造成草场退化等影响，当地牧民及社会公众对高原湿地保护意识和知识欠缺。

通过开展大型公益宣传活动以提高公众的湿地保护意识和认知，旨在发动和组织全国高校的大学生环保社团和环保爱好者，利用其节假日和课余时间开展湿地保护和宣传工作，深入基层社区传递保护知识和进行帮助活动。

湿地使者参与街头问卷调研 ©韦宝玉

2017年的活动主题为“共护三江源——湿地使者行动”，力求通过“科学、行动和传播”的紧密结合，最大限度地调动环三江源区各省市大专院校的师生、企业、民间组织和新闻媒体及自媒体的积极性，更好实现对该区域自然生态的系统保护、整体修复，使“中华水塔”坚固而丰沛，持续保护“世界第三极”，把“确保一江清水向东流”的宏图大愿播撒向每个中华儿女，号召大家用行动支持三江源生态保护。活动共计有150名湿地使者直接参与，间接参与的高校学生达近千人。整个活动期间，“使者们”记录下超过21万字的实地调研点滴，并充分利用微信、QQ、微博、网络直播等新媒体手段全程记载并传播了行动过程，影响受众逾60万人。

和牧民共同参与气象水文调查 ©韦宝玉

湿地使者行动使得湿地保护的意识深深地扎根在参与活动的使者心中：他们通过亲近湿地、宣传湿地，随着对湿地的认识和了解更加深入，对保护湿地的重要性也有了更深的认识；大学生在活动的参与中，自身能力也得到了提升，参与队伍在校内校外的影响力也扩大了。

通过当地政府以及社会媒体对湿地使者行动的宣传，湿地保护区的当地居民以及广大的社会群众了解和认识了湿地以及保护湿地的重要性，2017年的活动直接和间接影响受众逾500万人次。也由此促进了湿地保护区当地政府通过此次活动更加重视湿地保护，积极探寻更为科学有效的湿地保护措施。

环境教育的示范引领

中国自然保护地的宣传教育工作有着一定的沉淀和历史传统，但在环境教育方面尚未形成规范专业的研究和工作方法，尤其在国家公园如何基于自身的资源条件和管理建设目标开展环境教育，缺乏现成的方法和案例可供借鉴。在三江源国家公园试点区开展环境教育和环境解说的实践探索工作，不仅对园区自身的建设管理完善具有紧迫性和现实意义，更对推进中国国家公园试点工作的规范化、系统化开展具有重要的探索和示范作用。世界自然基金会中国国家公园项目在此背景下，力图弥补此区域空缺，为中国国家公园环境教育工作提供可借鉴的案例。

在黄河源园区先期开展的环境教育工作中，主要内容包括了借鉴并融合海外国家公园的经验和方法，探索适合中国国家公园体制特点的情景；基于黄河源区的特定资源和管理要求，开展资源调查，梳理出具有环境教育和解说价值的资源清单；基于现场调研、资料调查、专家咨询等基础，完成主体框架系统设计，构建了符合公园定位和自身特点的环境教育主题体系；汇编并统整解说方案，设计编写专题报告及相关出版物，并探讨其整体系统构架和延伸应用模式；结合公园环境教育视觉系统设计，策划国家公园户外宣教解说性标示标牌版式及内容设计范式和样张；支持国家公园环境教育与环境解说能力建设及相关培训工作设计与开展。

这份工作，是首次系统地将有关国家公园环境教育与环境解说理论方法体系融入中国并运用于三江源国家公园和其他国家公园试点的工作中；编写我国国家公园体制试点以来第一本国家公园环境解说专题汇编出版，填补了行业空白；编写并发布一系列专业文章，借助微信、微博等平台进行宣传，获得了行业内外及社会公众的广泛回应；项目成果还可广泛运用于其他国家公园、自然保护区和各类自然公园管理人员与宣教人员专业培训，以及国家林草局和全国林业系统管理人员专业宣教能力培训。

在地化的能力建设

三江源国家公园和世界自然基金会中国项目办公室在黄河源园区分别开展了湿地水鸟调查、雪豹监测等能力建设项目。

水鸟同步调查 ©韦宝玉

调研人员现场工作 ©韦宝玉

水鸟同步调查是湿地保护工作的基础，而广阔的地域，为起步的国家公园水鸟同步调查工作带来一定程度的困难，需要通过社会化参与来实现这一目标。三江源国家公园和世界自然基金会中国项目办公室选择长江中下游的鸟类爱好保护人士，结合调查区域当地社区生态管护员和志愿者共同来参与调查。除了水鸟调查，志愿者还可以在各个领域进行交流，同时培养带动当地水鸟调查潜在的力量。通过互动，志愿者们建立互访机制，更重要的是为当地培训并留下了一支湿地水鸟监测队伍，为国家公园以后全面承担此项工作打下基础。

水鸟调查主要以了解国家公园黄河源区及（玉树）隆宝国家级自然保护区内的水鸟种群现状及分布情况，以开展更合理的保护工作，探索长江中下游与三江源区的交流和相互支持机制。通过支持三江源国家公园建立候鸟监测体系。加强自然资源管理者、决策者和当地相关利益者的管理能力、生态保护知识与技能，帮带当地志愿者和生态管护员，加强水鸟迁徙网络迁飞区研究和监测活动，推动国家公园物种识别和栖息地的信息交流。

调查区域涵盖黄河源区的扎陵湖、鄂陵湖、星星海、岗纳格玛措、冬格措纳湖和玉树州的隆宝国家级自然保护区。完成了《三江源国家公园黄河源园区水鸟调查报告》，该报告为国家公园接手长期监测体系的建设提供科学依据，其方法和数据积累是长期持续的扎实基础，具有示范意义。组织香港米埔湿地管理培训班2期，26人在湿地宣教、湿地恢复与管理、湿地监测、社区参与、展馆展示等方面能力得到提升，更好地服务于国家公园建设。组织两次三江源监测巡护人员培训班，和鸟类迁飞网络培训，来自四个园区的监测巡护人员共计96人在野生动物监测、水鸟调查与识别、社区共管、红外相机监测方法及运用等方面能力得到提升，为国家公园的有效管理奠定了一定基础。专业的水鸟观察培训也辐射到了当地，鄂陵湖牛头碑生态巡护队队员及当地僧人、牧民总共35人接受了水鸟监测专家的培训。

黄河源首次拍到雪豹影像 ©WWF

黄河源阿尼玛卿山地是黄河流域最大的连片雪豹栖息地，面积约2000平方公里。园区及其周边山地，共同构成一个相对闭合而完整的生态系统，涵养了黄河最初的水源地，也为众多野生动物提供了繁衍生息的天堂。从文化上而言，黄河源阿尼玛卿神山文化区域是藏区九大神山之一，神山和圣湖所在地得到了当地人保护，同样其区域内的野生动植物也得到了当地人的庇护和尊重。

与当地保护机构共同参与调查项目 ©WWF

该区域大部分没有开展过调查，是三江源雪豹分布的调查空白区，雪豹监测是世界自然基金会中国项目办公室联合三江源国家公园、地方管理部门及区域内民间保护组织共同展开的，项目正在起步巩固阶段，通过雪豹监测的能力建设，以希望填补此区域雪豹监测的空白。

监测工作主要在玛多县花石峡镇、玛沁县东倾沟乡和上大武乡等地开展，主要为雪豹种群分布和现状调查、分析该物种面临的威胁；培训黄河源园区生态管护员、当地民间环保组织及牧民志愿者，学习红外相机使用方法，为该区域保护工作者开展雪豹种群调查提供技术支持。

2019年2月，调查团队首次在黄河源记录到雪豹影像，证实了黄河源也是三江源重要的雪豹栖息地之一；黄河源区域首次开展雪豹调查，受到社会各界的广泛关注。该项目自启动以来，得到新华社、中新社等通讯社的多次报道。

调查期间首次拍摄到黑狼 ©李理

2018年，项目组联合三江源国家公园黄河源园区管委会，对当地牧民生态管护员开展了第一次野生动物监测培训工作。参加培训的人员均为当地藏族牧民，他们是离雪豹栖息地最近的人，今后也将成为雪豹保护的储备力量。2019年，为黄河源园区管委会生态管护员开展了第二次野生动物监测培训工作。与第一次不同的是，这次是在野外开展实地工作的培训，共有5名生态管护员参加，并参加了实地调查，在野外实践中掌握工作技能，包括识别雪豹痕迹、安装红外相机等。

6.4 护园有你

2017年，黄河源所在的玛多县游客数量达到9.25万人次，同比增长40.1%。[1] 三江源国家公园的成立对每一位到访者提出了新的要求："让这里改变你，而不要去改变这里。"

面对三江源国家公园，无论是在远方关注，还是亲身到访，一位负责任的访客可以从以下几方面做起。

远方的多维参与平台

保护一个地方，除了体制创新与改革，宣传和教育同样是重要的方式。对于遥远、高海拔且不易到达的三江源国家公园，建立一个人人可达、可体验、可参与的宣教平台，搭建人与国家公园之间的桥梁，变得尤为重要。

在三江源国家公园的试点中，展陈中心、博物馆等宣传载体将会逐步建立，展陈中心将建立以空间为横坐标、时间为纵坐标的立体展览陈列体系，综合发挥对外形象展示、生态建设成果宣传、生态环境教育等功能。

除了硬件载体的建设，生态教育进课堂、组建宣教团队解说队伍等软性工作也已开展，向三江源区的不同县域辐射，不仅是面向普通的公众与游客，生于斯长于斯的当地居民也将通过宣传教育的平台，更进一步地了解自己的家园，实践主动守护起自己脚下这片土地的责任。

1. 青海日报. 2012.12.11.

负责任的到访者

尊重当地的文化

行前应多做功课，主动了解黄河源区的方方面面。提前了解这里的传统文化、习俗、宗教、身体语言和饮食习惯，包括社会环境，这些都是尊重和理解的基础；与当地居民建立良好的关系，在感受真实旅行体验的同时，为当地人带去合理的经济收益；请不要直接施舍金钱、文具或糖果给当地孩子，这会诱导一种“乞讨文化”的产生。

保护当地环境

旅行会对当地环境造成一定影响。你可以努力尝试把影响降到最低，通过参与一些维护生态平衡甚或改善生态环境的项目来抵消影响；在地广人稀的黄河源区，垃圾处理和废弃物回收等基础设施系统并不完善，这使当地面临更严峻的环境压力。建议访客在参访国家公园的过程中尽量不要使用塑料袋。路途中产生的垃圾尽量随身携带，待抵达城镇时统一处理；徒步旅行中，永远不要把水源处当成厕所，尽量不要在河流湖泊附近使用肥皂和洗发水；作为负责任的国家公园访客，应身体力行来传播环保意识。

旅行中节约用水

时刻节约用水，因净水工程需消耗能源，过度用水会导致水位下降，进一步造成污染；洗浴时选择淋浴而不是泡浴；所需用水量减少时，应相应地调低出水量，刷牙、涂沐浴露洗发水时请关闭水龙头，不要让水一直流；自驾旅行途中减少洗车次数，交通工具在出发前清洗干净并在旅行途中保持内厢和窗户清洁即可。

©陈璘

保护野生动物

不要为了吸引动物靠近而发出特定声音，如拍手、吹口哨或学鸟叫等，避免影响动物的行动和生活模式，使之受到惊吓甚至陷入危险；不要触摸野生动物，避免遭到动物袭击或跟动物之间相互传染病毒的危险，大多数野生动物的行为不可预测，不习惯与人类亲近，如经常性被触摸可能给动物的习性带来不可预估的改变；不要投喂野生动物，如利用食物吸引动物，或者在营地或者野餐地留下食物，喂食会扰乱动物自然的捕食模式，会使动物养成依赖而不去学习捕食技巧，习惯被投喂的动物还可能跑到人类居住地偷食和侵害庄稼，猎捕牲畜和家禽，引发不必要的冲突；不要采摘花草，捡化石、石头，采摘植物或者植物的一部分，这些行为可能会威胁到整个植株的生命；不要购买不可持续生产的野生动植物商品。

控制废物增长

建议旅行者不使用任何商店提供的塑料袋，主动减少在其他用途上使用塑料袋（比如收集垃圾、防水等）；携带一只垃圾袋专门用来收集沿途的垃圾，将垃圾带到能够被妥善处理的地方；旅行中大部分情况下有饮用水的补给，建议旅行者自带水壶，尽量减少瓶装水消费，以减少塑料瓶垃圾；宿营时尽量使用可多次利用的食物器皿，不用锡纸、塑料袋和一次性的盘子、杯子、刀子。

旅行中的古迹游览

不要触摸古代碑刻，因为手上的油脂、酸性物和污垢会腐蚀碑刻；拍照时不开闪光灯，因为亮光会破坏壁画等古迹；不要捡拾碎石、化石，那都是地方景色组成部分；沿修葺好的小路走，不乱走乱窜；绝不攀爬、翻越古迹或墙壁。

旅行后

结束旅行回家后，可以好好思考该如何帮助你曾经旅行过的地区。旅行产生的花费有利于当地经济的发展，此外你还可以做得更多。旅行可能让你对当地的环境、社会和文化有了一定了解，在力所能及的范围内帮助维持他们的文化传统，如结束旅行返回后，通过客观的游记或照片记录和传播当地文化，诚实地评价目的地，将积极的旅行经验告诉大家。钱并不是唯一稀缺的资源，你的时间或专业知识也是宝贵的财富。[1]

1. 参考世界自然基金会和穷游锦囊编辑部共同编写的《负责任的旅行》。

三江源国家公园访客行为建议

行前了解
黄河源的基本情况

比如宗教信仰、文化、
禁忌、价值观等知识

请保护
黄河源区的水质

在黄河源区参访的过程中
请爱护黄河源头的水

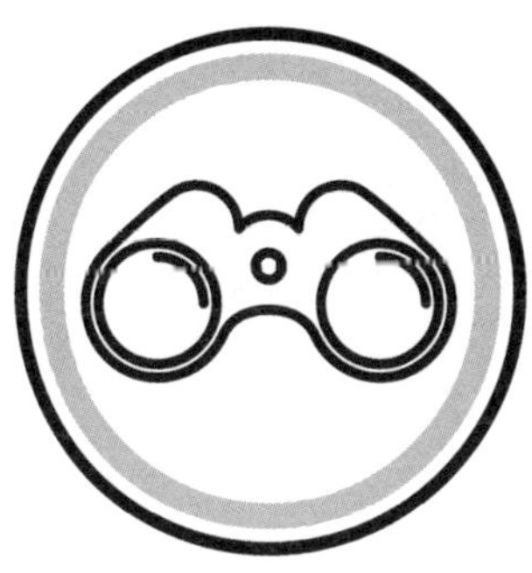

保持与野生动物
的距离

行驶中请与野生动物或
牛羊群保持一定安全距离

请随身携带垃圾袋

黄河源区地广人稀
处理垃圾的能力有限

尽量沿着
已有的步道徒步

步行对于黄河源区的
自然地表植被也会造成伤害

发现受伤野生动物
请及时报告

若发现受伤的动物
请尽快告知相关工作人员

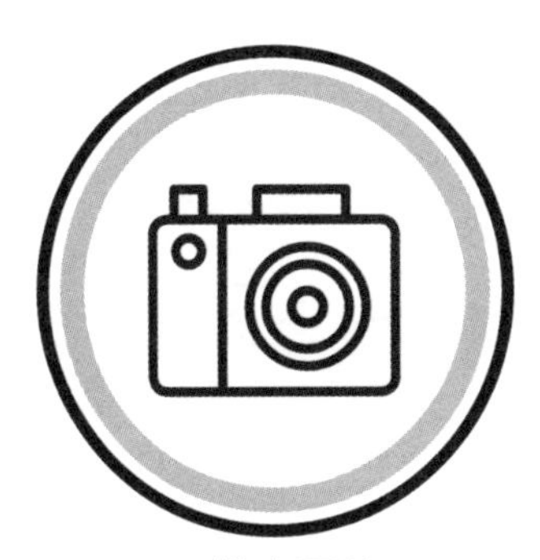

只带走照片
只留下脚印

像爱护自家一样
爱护当地环境

考虑一下你能为
黄河源做的事情

禁止破坏或改变景观

这是属于所有人的
共同生态资产

不要带走自然物品

尊重这里的自然环境
除了照片什么都不带走

**不要在驾车时
鸣笛或硬闯**

避免冲撞野生动物
以免带来危害

不要投喂野生动物

不要招逗、喂食、追赶、
挑衅任何野生动物

禁止偷猎野生动物

**不要购买
野生动物制品**

包括野生动物皮毛、角、头骨
等制成的工艺纪念品

请勿随意丢弃垃圾

更不要将垃圾、饮料
倒入水中

请勿闯入未开发区域

不要因好奇心而
擅自闯入未开发区域

不毁坏任何一处植被

这里的任何一块植被都
需要相对漫长的时间来生长